Heimische Orchideen in Jenas Landschaft

Wolfgang Heinrich

Inhalt

1. GELEIT

Spaziergänge in die Umgebung der Stadt Jena sind zu jeder Jahreszeit reizvoll. Kulturhistorisch wie naturkundlich Interessierte finden hier wie auch im benachbarten Saale-Holzland-Kreis und im angrenzenden Weimarer Land lohnende Ziele.

Viele Pflanzenfreunde gehen jährlich zu den Winterlingen ins Rautal oder zu den Märzbechern (auch Märzenbecher) nach Großschwabhausen. Andere zieht es zur Pfingstzeit oder auch später „in die Orchideen". Das Naturschutzgebiet „Leutratal und Cospoth" genießt hierfür besondere Attraktivität, doch man trifft fast überall in Jenas Umgebung auf Orchideen. Die so vielfältig und im Grunde doch so einheitlich gestalteten Gewächse werden von vielen Liebhabern als die Edelsteine unter den Blumen betrachtet.

Das Saaletal bei Jena und seine Randlagen zeichnen sich durch einen bemerkenswerten Reichtum an Orchideen unterschiedlicher Herkunft und Ansprüche aus, der der geologisch-bodenkundlichen und orographischen Vielgestaltigkeit, der klimatischen Begünstigung und dem historisch gewachsenen Nutzungs- und Biotopgefüge geschuldet ist. Charakteristische Arten des Offenlandes sind ebenso vorhanden wie solche des Waldes.

Diese Arten gilt es in ihren Lebensräumen zu erhalten. Seit 1995 wurden solche schutzwürdigen Teile von Natur und Landschaft mit gesamtstaatlich repräsentativer Bedeutung u. a. im Rahmen des Naturschutzgroßprojektes „Orchideenregion Jena – Muschelkalkhänge im Mittleren Saaletal" geschützt. Nach Abschluss dieses Projektes im Jahr 2007 sind die Kerngebiete inzwischen als Naturschutzgebiete gesichert.

Was sind eigentlich Orchideen? Welche Ansprüche stellen die verschiedenen Arten, wie sind sie eingepasst in das landschaftliche Gefüge und die Bedingungen unserer gestalteten Umwelt? Verbinden wir das Wissen um ihre Gefährdung mit dem Engagement um die Erhaltung dieser farbenfrohen und formenvielfältigen Kleinode?

Im Folgenden wollen wir heimische Orchideen und ihre Lebensräume betrachten, dabei aber auch die ganze Landschaft in ihrem Werden und Wandel erfassen.

2. DIE JENAER ORCHIDEENLANDSCHAFT

2.1. Zwischen Orlamünde und Camburg

Die Landschaft zwischen Kahla und Orlamünde im Süden, Dornburg und Camburg im Norden, Apolda und Magdala im Westen sowie Stadtroda, Bürgel und Schkölen im Osten wird vor allem durch das Mittlere Saaletal und seine Nebentäler geprägt.

Jena, die drittgrößte Stadt Thüringens, liegt im Zentrum des Gebietes. Als kreisfreie Stadt umfasst sie den eigentlichen Alt- und Neustadtbereich, aber nach den jüngsten Eingemeindungen auch etliche Dörfer im Umfeld. Auf diesem Territorium von 114 km² leben derzeit etwa 102.800 Einwohner.

Im Norden, Osten und Süden ist Jena vom Saale-Holzland-Kreis umgeben. Wichtige Orte sind Eisenberg, Hermsdorf, Kahla und Stadtroda; zum Saale-Holzland-Kreis gehören aber beispielsweise auch Schorba und Reinstädt, Trockenborn und Eineborn, Schöngleina und Klosterlausnitz, Petersberg und Frauenprießnitz. Im Westen schließt schon bei Großschwabhausen der Kreis Weimarer Land an.

Das Saale-Niveau liegt im Süden bei Naschhausen bei 170 m NN, an der nördlichen Kreisgrenze, nur 40 km entfernt, bei 120 m NN. Linkssaalisch werden auf einer Höhe südwestlich Geunitz 480 m erreicht, nach Norden fällt das Gelände auf unter 400 m ab, zwischen Magdala und Kapellendorf sind es noch etwa 300 m. Nach raschem Abfall bietet Schmiedehausen kaum 250 m.

Auf der anderen Saaleseite steigt das Gelände im Holzland selten über 350 m NN an. Auf der Wöllmisse werden nochmals 404 m erreicht, dann aber erfolgt auch rechts der Saale nach Norden der Abfall bis auf unter 300 m.

Die Reliefverhältnisse wurden vor allem dadurch geschaffen, dass sich im Verlauf der Eiszeit die Saale mit ihren Nebenbächen in die Hochfläche eingeschnitten hat. Markante Täler entstanden. Man könnte den Reinstädter und Altenbergaer Grund, Lösch- und Leutratal, Rautal und Nerkewitzer Grund auf der einen Seite sowie das Rodatal, Pennicken-, Gembden- und Gleistal auf der anderen Seite nennen. Im nordöstlichen Kreisgebiet bestimmt die Wethau das Bild, die aber erst bei Naumburg der Saale zufließt. Von der westlichen Hochfläche fließen der Sulzbach und kleinere Bäche zur Ilm.

2.2.   Vom Gestein zum Boden

Wichtig für das Verständnis dieser Landschaftsformen, ihrer Entstehung und des Wandels sind die geologischen Verhältnisse. Bedeutsam sind die Formationen der Trias. Das östliche und südöstliche Kreisgebiet wird von den drei Abteilungen des Buntsandsteins eingenommen. Unterer (teilweise kalkreich!), Mittlerer (obere Stufe kalkreich!) und Oberer Buntsandstein (Röt) treten großflächig in Erscheinung. Fließgewässer führten zu starker Reliefierung. Im Gegensatz zum Muschelkalk entstanden aber im Buntsandstein meist sanfte, gerundete Formen.

Vor allem westlich der Saale bestimmen der Untere, Mittlere und Obere Muschelkalk das Bild. Von Camburg über Tautenburg reichen östlich der Saale Ausläufer bis Eisenberg. Die Massive der Kernberge und des Hufeisens liegen recht isoliert. Im Bereich der Leuchtenburg, bei Altenberga und auch bei Camburg schufen tektonische Störungen teilweise besondere Differenzierungen (Verwerfungen, Grabenbrüche).

Keuper tritt nur kleinflächig bei Krippendorf und Lehesten/Nerkewitz sowie nördlich des Schleuskauer Grundes in Erscheinung.

Charakteristische Abfolgen lassen sich in Talquerprofilen meist gut erfassen. Die Talsohlen werden von jüngeren alluvialen bzw. holozänen Bildungen (Flussschotter, Auelehme) eingenommen.

Um Jena bilden auf der rechten Saaleseite die Unteren fossilfreien Gipse (Salinarröt) stellenweise eine Steilstufe (Teufelslöcher, Erlkönig, Wogau). Es folgen mit

Steilerer Muschelkalk- auf sanfterem Röthang

mittleren Hangneigungen Schichten des Oberen Buntsandsteins (Röt). Darüber erheben sich die Steilhänge
des Unteren Muschelkalkes (Wellenkalk). Verebnungen
bietet der Mittlere Muschelkalk. Mit Steilstufen (Trochi-
tenkalk: Cospoth, Napoleonstein) beginnen westlich der
Saale die ausgedehnten Hochflächen des Oberen
Muschelkalkes. Rechts der Saale steht auf den Höhen
Wellenkalk an.

Besondere Formen stellen Bergstürze und Bergrut-
sche dar. Das sind Abbrüche oder Rutschungen des
Muschelkalkes auf tonigen, wasserstauenden Schichten des Oberen Buntsandsteins. Der bekannteste Berg-
sturz befindet sich am Dohlenstein bei Kahla. Die „Die-
beskrippe" im Pennickental gilt als charakteristischer
Bergrutsch. Andererseits führte in diesem Übergangsbereich zwischen Röt und Wellenkalk austretendes
Quellwasser zu teilweise beachtlichen Ablagerungen
von Travertin (Binnensüßwasserkalk, Kalktuff: Pennickental!) bzw. zur Entstehung charakteristischer Quellmoore.

An den Talhängen der Saale lagerten sich stellenweise auch eiszeitliche Materialien ab. Im Nordosten
des Kreises bedecken tertiäre Kiese oder pleistozäne
Geschiebelehme und Löße weite Bereiche der Hochflächen.

Physikalische, chemische und biologische Vorgänge
führten über die Verwitterung und andere Verlagerungs-
und Humifizierungsprozesse zur Bodenbildung. Flach-
bis mittelgründige, basen- und kalkreiche Böden (Fels-
Rohböden, Rendzina, Braunerde) sind von nährstoff-
ärmeren Typen im Sandstein (Ranker, saure Braunerden) zu unterscheiden. In den Talauen liegen meist
braune, vernässungsfreie Auelehmböden (Vega), kleinflächig gibt es grundwasserbeeinflusste graue (Gley)
oder auch schwarze Böden (Anmoor).

Der Nährstoff- und Wasserhaushalt der Böden ist
durch vielfältige Einflüsse verändert worden. Be- und
Entwässerungen spielten ebenso eine Rolle wie Einflüsse von Tritt und Düngung. Nährstoffeinträge aus der
Luft blieben nicht ohne Auswirkungen.

2.3.   Witterung und Klima

Ein kurzer Blick auf die klimatischen Verhältnisse kann
manche Eigenheit verdeutlichen.

Nach den Werten der Klimastation Jena fielen im 50-
jährigen Mittel (1901-1950; 1951-2000) 586 bzw. 604
mm Niederschlag. Die Jahresdurchschnittstemperatur
lag bei 8,6 bzw. 9,4 °C.

Unterschiedlichen Höhen- und Reliefverhältnissen sowie dem wechselnden Pflanzenkleid sind Abweichungen von diesen Werten geschuldet: Das Saaletal, das untere Rodatal und Elstertal sind wärmer und trockener. Demgegenüber weisen die Gebiete des Zeitzgrundes und der Hochflächen um Hermsdorf eine submontane Prägung mit mehr Niederschlägen auf ebenso wie einige höher gelegene Kalkbereiche.

Gesteins- und Bodenunterschiede, unterschiedliche Hangneigungen und Hangrichtungen – Südhänge sind thermisch begünstigt – sowie der Wechsel von Offenland und Wald führen zu weiteren gelände- und bestandesklimatischen Differenzierungen. Die Verhältnisse an Aue-, Hang- und Plateaustandorten weichen oft von den Durchschnittswerten der Messstationen ab. Unterschiede im Bewuchs der Nord- und Südhänge verdeutlichen dies.

Offensichtlich spielt auch der Witterungscharakter der Jahreszeiten und Jahre eine Rolle. Niederschlagsreichere (z. B. 1981, 1995) und -ärmere (z. B. 1982, 1991) Jahre wechselten. Es gab kühle (z. B. 1956) und warme Jahre, seit 1998 liegen alle Jahreswerte über 10 °C. Ein Klimawandel deutet sich an, wärmeliebende Arten breiten sich aus.

2.4.   Der Einfluss des Menschen

Spuren menschlicher Aktivität führen zurück bis in die Altsteinzeit (Paläolithikum). Mit Ackerbau und Viehzucht wurden in der Jungsteinzeit (Neolithikum) Eingriffe in die Landschaft deutlicher. Eine recht dichte Besiedlung durch unterschiedliche Kulturen gab es in der Bronzezeit (1800-700 v. Chr.), auch die Eisenzeit (beginnend um 700 v. Chr.) ist belegt. Germanische Stämme siedelten seit der jüngeren vorrömischen Eisenzeit in Thüringen. Das gegen Ende des 5. Jhs. entstandene Thüringer Königreich wurde 531 durch die Franken zerstört. Im 7. und 8. Jh. drangen vor allem im östlich der Saale gelegenen Raum Slawen vor. Germanen und Slawen waren am frühen Landesausbau beteiligt.

Weite Teile des Saaletales und der angrenzenden Muschelkalklandschaft waren frühzeitig waldfrei. Die agrarische Nutzung schuf Kleinfelder, Ödländer, Schaftriften. Im Umfeld der Stadt und auch dörflicher Siedlungen dehnte sich seit dem 12. Jh. der Weinbau beachtlich aus, ehe nach einer Blüte im 16. Jh. sein Niedergang in der Mitte des 17. Jh. begann. Nach 1700 wurden mit dem Anbau der Futterkräuter Klee-, Luzerne- und Esparsettenfelder geschaffen, gemähte Kunstwiesen und Obstkulturen entstanden. Ackerbau gewann wieder an Bedeutung, doch die Dreifelderwirtschaft setzte noch Grenzen. Durch spätere Flurgestaltungen (Separation) wurden die meist kleinflächigen Strukturen verändert.

Eng verbunden mit dem Siedlungsbau und der Landwirtschaft ist die Forstwirtschaft. Größere Rodungen und Formen einer ungeregelten Wald- und Holznutzung gab es im frühen bis hohen Mittelalter.

Erst im 17. Jh. verstärkten sich Bemühungen um eine geregelte Waldwirtschaft. Es vollzog sich der Wandel von der Niederwald- zur Mittel- und Plenterwaldwirtschaft und schließlich zum Hochwald. Naturverjüngung wurde durch künstliche Bestandesbegründung ersetzt.

Die wirtschaftliche Entwicklung führte zu immer weiterem Landschaftsverbrauch. Nachteilige Folgen wurden nach 1960 offensichtlich, als mit der Chemisierung, Industrialisierung und Intensivierung der Landwirtschaft viele Kleinflächen, Gehölze und auch Fließwässer verschwanden und Meliorationen den Bodenwasserhaushalt veränderten, Düngung und Rinderweide zu enormen Nährstoffeinträgen führten. Siedlungen und Verkehrstrassen dehnten sich weiter aus, ein Prozess, der auch nach 1990 nicht zu stoppen war.

Maßnahmen des Umweltschutzes gewinnen an Bedeutung; sie schließen den Naturschutz ein, ein Anliegen, das sich mit dem Heimatschutz bereits um 1900 herausbildete.

2.5. Naturräume

Im Zusammenwirken von Klima, Gestein und Boden, Flora und Vegetation – alles im historischen Wandel und beeinflusst durch den Menschen – kann eine Landschaft in naturräumliche Einheiten gegliedert werden. Für unser Gebiet sind zu unterscheiden:

Ilm-Saale-Ohrdrufer Platte

Vor allem westlich der Saale, aber auch auf die östliche Seite hinüberreichend, prägt Muschelkalk die Landschaft. Schroffe Hänge im Saaletal und in den Nebentälern kontrastieren mit den Auen und den Hochflächen. Im Talquerprofil ist die Abfolge alluvialer Talgrund –> Rötsockel –> Wellenkalksteilhang mit harten Felsbänken –> Hochfläche charakteristisch.

Steinig-lehmig-tonige Böden mit unausgeglichenem Wasserhaushalt im Röt wechseln mit trocken-warmen, steinigen Rohböden, flachgründigen Rendzina- oder Braunerdeböden über Kalk. Nord- und Südseiten fallen durch unterschiedliche Nutzungsstrukturen auf. Auf der überwiegend agrarisch genutzten Hochfläche gibt es Erdfallsenken, kaum Teiche, aber einige Bewässerungsspeicher.

Die standörtliche Vielfalt bietet Bedingungen für eine artenreiche Pflanzen- und Tierwelt sowie ein vielfältiges Biotopgefüge. Das außerordentlich wertvolle Vegetationsinventar umfasst buchen-, eichen- und edellaubholzreiche Mischwälder, thermophile Gebüsche und Staudenfluren, orchideenreiche Kalkmagerrasen und Felsfluren, Feuchtwiesen und Quellmoore.

Mittleres Saaletal, Saaleaue

Die eigentliche Aue stellt – vor allem auch durch die klimatischen Besonderheiten (trocken, warm, Nebel) – eine besondere Einheit dar. Pleistozäne Schotter, meist von Auelehmen überdeckte Kiese sowie Schwemmkegel an den Ausgängen der Seitenbäche bilden das Substrat für Erlen-Eschenwälder sowie frische und feuchte Auewiesen. Der frühere Auencharakter ist allerdings weitgehend verloren. Größere Bereiche sind überbaut, von Verkehrstrassen zerschnitten. Die ehemals ausgedehnten, stellenweise orchideenreichen Grünländereien wurden umgebrochen und in Ackerland überführt. Nur Reste naturnaher Ufergehölze und wenige Altwässer sind erhalten. Derartige Veränderungen begannen insbesondere nach dem Bau der Saaletalsperren in den 1930-er Jahren.

Saale-Sandsteinplatte

Sandsteine und überwiegend nährstoff- wie kalkarme Böden (Braunerden, Podsole, Staugleye) bestimmen die Situation im Osten und Südosten. Zahlreiche Bachläufe – zur Saale oder zur Elster führend – zergliedern das Gelände in starkem Maße. Verebnungen gibt es um Eisenberg und Hermsdorf. Die Bezeichnung „Holzland" – ehemals nur für ein Gebiet um Hermsdorf gebraucht – charakterisiert heute das gesamte Waldgebiet zwischen Eisenberg und Hummelshain oder gar einschließlich der Rudolstädter Heide. Mit der Landnahme wurde aber das ursprüngliche, von Eichen, Birken, Kiefern und Rot-Buchen bestimmte Waldbild rasch verändert. Eintönigen Kiefern- und Fichtenforsten begegnet man heute. Auch die Ackerflächen sind meist arm, floristisch reichere Partien bieten anstehende Felsen.

Für die Bachauen des Buntsandsteingebietes sind Feuchtwiesen und mancherorts Teiche typisch. Noch vor wenigen Jahrzehnten nahmen sie die Auenbereiche ein; unter dem Rhythmus zweischüriger Mahd war in den Beständen das charakteristische Arteninventar enthalten.

Weißenfelser Lössplatten
Im Norden wird die vor allem durch die Wethau gegliederte, durch mächtige Kies- und Lössablagerungen charakterisierte Hochebene überwiegend ackerbaulich genutzt. Wenige Restwälder bieten kaum noch Besonderheiten. Reichere Strukturen weisen nur die Hangwälder in den Tälchen auf.

3. LEBENSRÄUME

Die Orchideenarten wachsen entsprechend ihren ökologischen Ansprüchen auf bestimmten Standorten. Sie sind aber auch Glieder charakteristischer Lebensgemeinschaften (Pflanzengesellschaften) und siedeln in verschiedenen Lebensräumen (Biotopen). Deren Erhaltung schließt naturschutzfachlich orientierte Nutzung und Pflege ein.

3.1. Fluss- und bachbegleitende Wälder
Entlang der Saale und der kleineren Fließgewässer sind Auwälder nur noch in Resten vorhanden. Esche und Schwarz-Erle, manchmal auch Weide und Pappel oder Ahorn bilden dort die Baumschicht, Jungwuchs der Bäume und Schwarzer Holunder meist eine Strauchschicht. In solchen Beständen entwickelt sich das Große Zweiblatt optimal.

3.2. Buchenwälder
Auf Normalstandorten spielen die Rot-Buche bzw. von ihr aufgebaute Buchenwaldgesellschaften eine besondere Rolle. Vor allem östlich der Saale gedeiht auf den Muschelkalkhochflächen sowie an sanften Nordhängen auf Böden vom Typ der Braunen Rendzina, teilweise oberflächlich entkalkt, der krautreiche Waldgersten-Buchenwald. In der Feldschicht sind frische- bis feuchteliebende Gefäßpflanzen (z. B. Waldgerste, Wald-Flattergras, Wald-Bingelkraut, Frühlings-Platterbse) charakteristisch.

Insbesondere auf Silikat-Braunerdeböden des Buntsandsteinlandes kommt der Waldmeister-Buchenwald vor. Waldmeister und Einblütiges Perlgras sowie Farne kann man als kennzeichnende Arten nennen. Bodensaure Standorte über Löss und Sandstein werden vom

Hainsimsen-Buchenwald eingenommen. In der Kraut-schicht werden Säurezeiger wie Wiesen-Wachtelwei-zen, Schmalblättrige Hainsimse, Draht-Schmiele, Blau-beere und manchmal auch Berg-Platterbse auffällig. Bedeutsam sind auf den flachgründigen, meist südexpo-nierten Wellenkalkhängen mit trocken-warmen Rend-zina-Böden Ausbildungen des Seggen-Buchenwaldes. Nur eine lückige Strauchschicht ist ausgebildet, und auch die Krautschicht bedeckt oft nur wenig Fläche. Der Artenreichtum ist dennoch beachtlich. Bezeichnend sind wärmeliebende Arten (u. a. Wiesen-Schlüsselblu-me, Wunder-Veilchen, Breitblättriges Laserkraut, Wei-ße Schwalbenwurz, Pfirsichblättrige Glockenblume).

Vielfach zeigen diese Wälder im Jahresverlauf unter-schiedliches Aussehen. Im Sommer wird der Orchi-deenreichtum auffällig, man spricht sogar vom Orchi-deen-Buchenwald. In vielen Waldbeständen wird man das Bleiche Waldvöglein entdecken. Kennzeichnend sind auch Nestwurz und Korallenwurz. Wenn diese Ar-ten abgeblüht sind, beginnt die Zeit, in der man nach Vertretern der Gattung Stendelwurz suchen sollte.

3.3. Eichenmischwälder und wärmeliebende Staudenfluren

Auf Muschelkalk- und Rötböden stocken häufig arten-reiche Labkraut-Eichen-Hainbuchenwälder. Diese wur-den früher häufig als Niederwald bewirtschaftet, d.h. man setzte die Gehölze alle 10-15 Jahre auf Stock, durch Stockausschlag baute sich der Bestand wieder auf. Die knorzligen, verkrüppelten, dicken Stammfüße mancher Bäume weisen darauf hin.

Bei derartiger Bewirtschaftung waren die Bestände licht und deshalb reich an wärmeliebenden Arten. Frühblüher (Wiesen-Schlüsselblume, Busch-Windrös-chen, Leberblümchen, Hohler Lerchensporn, Märzbe-cher) sind charakteristisch, viele Orchideenarten errei-chen ein Optimum. Blasses Knabenkraut öffnet bereits im April oder Mai seine Blüten, manchmal zusammen mit dem Stattlichen Knabenkraut. Die Gefleckte Ku-ckucksblume siedelt auf wechseltrockenen Böden. Mit der Überführung der Bestände in Mittel- und Hochwäl-der, dem Aufwachsen der Bäume und einer zunehmend geschlossenen Kronenschicht hat sich in den letzten Jahrzehnten der Artenbestand verändert. Auch Nähr-stoffeinträge und damit veränderte Konkurrenzver-hältnisse sind nicht zu übersehen. Lichtliebende Arten gingen zurück, manche Orchideenart wurde selten.

An den Muschelkalkhängen wird stellenweise auch

ein räumlicher und zeitlicher Wandel deutlich. Auf Eichen-Hainbuchenwälder folgen Trockenwälder, wärmeliebende Gebüsche (Wolliger Schneeball, Blutroter Hartriegel, Schlehe) und schließlich Staudenfluren. Gemeinsam treten Magerrasenarten, Trockenheit ertragende Hochstauden und Arten der Trockenwälder auf. Blut-Storchschnabel, Hirschwurz-Haarstrang, Rauer Alant und Berg-Aster geben diesen Säumen ein buntes Gepräge. Derartige Übergangsbereiche sind auch Lebensraum etlicher Orchideen: Große Händelwurz wird man ebenso entdecken wie Rotes Waldvöglein, Fliegen-Ragwurz oder Knabenkräuter.

3.4. Kiefernforste

Seit der Mitte des 19. Jhs. wurden an vielen Hängen Magerrasen, aufgelassene Äcker und Weinberge mit Wald- und Schwarz-Kiefern, zum Teil auch mit Fichten aufgeforstet. Stellenweise hat man Schwarz-Kiefern an Wanderwegen und markanten Geländepunkten angepflanzt, um die Landschaft zu verschönern. Beide Kiefern-Arten haben sich seit den 1950-er Jahren erheblich ausgebreitet. Manche ehemals kahlen Hänge tragen heute Kiefernbestände. In den südexponierten Lagen sind die Wuchsleistungen der Wald-Kiefer oft schlecht, die Bestände demzufolge lückenhaft und licht. Charakteristische Arten des Blaugras-Rasens (Erd-Segge, Kalk-Blaugras, Edel-Gamander, Ästige Graslilie) bestimmen das Bild dieser Thymian-Kiefernforste. Auf der Hochfläche und an absonnigen Stellen hat sich mancherorts eine sauer reagierende Moderauflage gebildet. Dort zeigt der Wintergrün-Kiefernforst eine et-

Rotes Waldvöglein im lichten Kiefernforst

was andere Artengarnitur. Auffällig wird eine gut entwickelte Moosschicht, in der Birngrün, Grünliches Wintergrün, seltener Moosauge und Fichtenspargel wachsen. Diese Nadelholzbestände sind oft floristisch reichhaltig, auch die Suche nach Orchideen lohnt. Häufig findet man Braunrote Stendelwurz und Große Händelwurz. Frauenschuh erscheint unter Kiefernschirm an manchem Wellenkalkhang in beeindruckenden Gruppen, und Rotes Waldvöglein kann man in herrlichen Exemplaren und großen Beständen entdecken. Auffällig werden – wenn sie blühen – auch die beiden Waldhyazinthen. Nur in ausgesprochen moosreichen Beständen wird man das Kriechende Netzblatt entdecken.

Problematisch sind ältere Schwarzkiefer-Forste, weil unter dichtem Kronendach und auf beachtlicher Nadelstreu kaum noch andere Arten gedeihen. Um die charakteristischen Kennarten des Offenlandes zu fördern, muss man diese Bestände zumindest auslichten. Fällungen werden neuerdings auch notwendig, weil ein Pilz zum Absterben der Bäume führt.

Auf den sauren Böden des Buntsandsteingebietes herrscht ein artenarmer Heidelbeer-Kiefernforst vor, der säureliebende Gefäßpflanzen (Blaubeere, Draht-Schmiele, Dorniger Wurmfarn), aber keine Orchideen enthält.

3.5.   Kalkmagerrasen und Gebüsche

Im Muschelkalk-Gebiet sind an den Hanglagen – stellenweise auch auf den Hochflächen – orchideenreiche Trespen-Halbtrockenrasen ausgebildet. Diese wurden früher einschürig gemäht, nicht gedüngt und höchstens sporadisch überweidet. Aufrechte Trespe, Furchen-Schwingel und Fieder-Zwenke herrschen in der Grasartenkombination vor. Zypressen-Wolfsmilch, Kleiner Wiesenknopf, Schmalblättrige Wiesenflockenblume, Mittel-Wegerich, Knack-Erdbeere und Saat-Esparsette, aber auch Erd-Segge, Berg-Aster, Edel-Gamander und Hufeisenklee sind häufige Begleiter. Als Brachezeiger erscheinen Gemeiner Dost, Tüpfel-Hartheu, Rauer Alant und Hirschwurz-Haarstrang.

An den trocken-warmen Wellenkalkhängen prägen Kalk-Blaugras, Ästige Graslilie, Frühblühender Thymian, Berg- und Edel-Gamander, Deutscher und Fransen-Enzian die meist lückigen Blaugras-Trockenrasen auf lockerem Kalkschutt. Man kann zur entsprechenden Jahreszeit die Ragwurz-Arten entdecken, häufig sind vor allem Große Händelwurz und Braunrote Stendelwurz. Typisch für die Kalkmagerrasen sind aber auch

Orchideenreiche Magerrasen und Säume

einige Knabenkraut-Arten. Helm- und Purpur-Knabenkraut lassen sich an der Färbung der Blütenblätter leicht
unterscheiden, schwieriger wird es bei der Hybride
zwischen ihnen, die Merkmale beider Eltern zeigt. Zu
den Seltenheiten zählen Dreizähniges und Brand-Knabenkraut. Etwas Besonderes ist auch die Bocks-Riemenzunge. Vielen sind die Bestände im NSG „Leutratal und Cospoth" bekannt, und nicht zuletzt deshalb steht
dieses international bedeutsame Schutzgebiet im Blickpunkt der Öffentlichkeit.

In den letzten Jahrzehnten sind leider viele Flächen
am Röthang aufgelassen worden, so dass die Verbuschung mit Schlehe, Weißdorn, Wolligem Schneeball,
Blutrotem Hartriegel und anderen Sträuchern voran-
schritt. Sofern nicht bereits geschlossene, hohe Gebüsche entstanden (vielleicht sogar schon von Esche über-
wachsen), ist das charakteristische Arteninventar aber
oft noch präsent. Seit einigen Jahren wird pflegerisch
eingegriffen, um den Gehölzwuchs zurückzudrängen.

3.6.   Frisch-, Feucht- und Nasswiesen
Vor Jahrzehnten wurden die Talauen überwiegend als
Grünland genutzt, weil hohe Grundwasserstände oder
periodische Überflutungen eine Ackernutzung unmöglich machten. Auf nährstoffreichen, feuchten bis nassen Böden dehnten sich staudenreiche Wiesen aus.
Neben Glatthafer, Wiesen-Schwingel oder Wolligem Ho-
niggras bildeten Binsen, hoch- und dichtwüchsige Seggen eine von Kohl-Kratzdistel, Wald-Brustwurz, Sumpf-
Dotterblume, Großem Mädesüß und Sumpf-Storch-
schnabel durchsetzte Grasnarbe.

In der Aue der Saale und der Nebenbäche existieren
auf grundwasserfernen Böden Frischwiesen, die insbesondere durch den Glatthafer geprägt werden, kaum
noch. Dabei waren trockene Ausbildungen mit Aufrech-
ter Trespe und Wiesen-Salbei artenreich und bunt, auch
orchideenreich.

Feuchtwiese mit Breitblättriger Kuckucksblume

Schon um 1930, verstärkt um 1960 und erneut nach 1990 wurden viele Wiesen entwässert, melioriert, umgebrochen, in Ackerland überführt oder bebaut. Manche Schutzbemühung blieb ohne Erfolg. In der Saaleaue und den Nebentälern sind Wiesen nur noch kleinflächig vorhanden.

Zwar blieben im Rodatal und in Nebentälern des Sandsteingebietes größere Grünlandanteile erhalten, doch wurden auch dort viele Feucht- und Nasswiesen beseitigt, zu artenarmen Hochstaudenfluren oder Saatgrasland degradiert oder nach Auflassung in Wald überführt. Die Breitblättrige Kuckucksblume muss in solchen Auewiesen und in anderen Feuchtbiotopen fast überall vorhanden gewesen sein. In der älteren floristischen Literatur liest man oft: „Häufig, in den Tälern überall, verbreitet". Gegenwärtig zählt sie – wie manch andere Feuchtwiesenart – zu den stark gefährdeten Orchideen.

3.7.   Quellmoore und Pfeifengraswiesen

Zu den großen Besonderheiten der Flora und Vegetation unseres Gebietes zählen die Quellmoore. BOGENHARD (1850, S. 75) beschrieb die „Sümpfe" so:

„Dieser Standort ist nicht zu verwechseln mit den, bei den stehenden Gewässern bereits abgehandelten Sümpfen der Saaleaue, sondern wir begreifen darunter die eigentlichen Torf- und Moorwiesen, die sich vornehmlich in der Sandregion befinden, übrigens von geringer Bedeutung und Ausdehnung sind. Sie enthalten jedoch eine ganz eigenthümliche, reiche Vegetation, deren Typus durch das unterliegende Gestein bedingt und modifizirt wird. So hat z. B. die Vegetation der Moorwiesen hinter Grosslöbigau, welche Kalkgrund zur Unterlage haben und durch die grosse Menge hier abgelagerter, inkrustirter Chara (Armleuchteralgen – Anm. d. Verf.) noch besonders merkwürdig sind, eine ganz andere Physiognomie, als die Vegetation der Moorstellen im Osten an der Grenze unseres Bezirks."

Derartige Differenzierungen hinsichtlich Wasserführung, Nährstoffgehalt sowie Basen-Säure-Verhältnis zwingen zu einer klaren Unterscheidung ökologischer Moortypen. Nährstoffarme, saure, nur durch Regenwasser gespeiste Hochmoore (Armmoore) gibt es im Gebiet ebensowenig wie eutrophe Niedermoore, die eher an Nasswiesen und Röhrichte erinnern. Zwischen arm und reich vermitteln Zwischenmoore. Torfmoosreiche Sauer-Zwischenmoore sind bei uns selten. Basenreiche, aber kalkarme, schwach saure und nicht zu nährstoffarme Standorte nehmen Braunmoos-Seggenriede (Basen-Zwischenmoore) ein. Hunds-Straußgras und einige Seggen sind charakteristisch. In den Kalkgebieten treten im Übergangsbereich zwischen Röt und Muschelkalk Kalk-Zwischenmoore auf (auch als nährstoffarme, kalkreiche Niedermoore bezeichnet). In diesen Quellmooren erscheinen neben der seltenen Davall-Segge vor allem Kleiner Baldrian, Breitblättriges Wollgras und Schuppenfrüchtige Gelb-Segge. Charakteristische Moose trugen zur Bildung von Travertin (Kalktuff) bei. Das Schillertal bei Großlöbichau wurde mit Massenbeständen von fünf Orchideenarten berühmt.

Quellmoor mit Beständen von Sumpf-Stendelwurz

Doch schon in den 1930-er Jahren wurden diese Moorwiesen vernichtet. Auch an vielen anderen Stellen (Thalstein, Schöngleina, Wogau, Leutra, Altenberga, Magdala) blieben nur kleine Restbestände übrig. Steifblättrige Kuckucksblume und Sumpf-Glanzkraut verschwanden mit diesen Biotopen. Sumpf-Stendelwurz wurde ebenso zur Rarität wie Sumpf-Herzblatt, Echtes Fettkraut oder Sibirische Schwertlilie. Die letzten Biotope stehen jetzt unter gesetzlichem Schutz.

### 3.8.	Sekundärbiotope
Durch den Abbau von Erden und Gesteinen hat der Mensch an manchen Stellen Gruben und Steinbrüche oder Gesteinsschutthalden geschaffen, die sich – wie auch Flächen ehemals militärischer Nutzung – nach Auflassung zu wertvollen Lebensräumen entwickelten. In derartigen Trockenbiotopen haben sich die Ragwurz-Arten, Braunrote Stendelwurz oder Große Händelwurz angesiedelt. Feuchtbiotope können die Dichtblütige Händelwurz enthalten.
Auffälligerweise breiten sich seit einigen Jahren Orchideenarten in Zierrasen – sogar vor Wohnhäusern –, Gärten und Friedhöfen innerhalb der Stadt aus

## 4.	DIE FAMILIE DER ORCHIDEEN

### 4.1.	Merkmale der Orchideen
Die Familie der Knabenkrautgewächse – oft kurz als „die Orchideen" bezeichnet – umfasst etwa 25 000 Arten und ist somit eine der artenreichsten Familien des Pflanzenreiches. Der Name ist abgeleitet von der Typusgattung *Orchis* (Knabenkraut), deren Knollen an Hoden erinnern (griech. Orchis = Hoden).
    Mit Ausnahme der Antarktis kommen Orchideen überall vor. Ihren größten Formenreichtum entfalten sie jedoch in den Tropen. Dort siedeln sie überwiegend als Aufsitzer (Epiphyten; epi = auf, darauf; phyton = Pflanze) in Baumkronen oder auf Felsen (Lithophyten; lithos = Stein). Im gemäßigten Eurasien rechnet man „nur" mit etwa 660 Arten aus 50 Gattungen, in Europa mit 200, in Deutschland mit etwa 55 Arten. Alle heimischen Arten sind aber Erdbewohner (Geophyten: ge = Erde; phyton = Pflanze) mit unterirdischen Überdauerungs- und Speicherorganen in Form von Knollen (Sprosswurzelknollen, rübenförmig, handförmig, rundlich) bzw. längeren oder kürzeren Rhizomen (Erdspross; rhiza = Wurzel, Wurzelstock).

Die Orchideen zeichnen sich durch eine vorübergehende oder lebenslange Symbiose mit spezifischen Wurzelpilzen aus, deren Hyphen in das Wurzelgewebe bzw. die Rindenzellen eindringen; man spricht von endotropher Mykorrhiza. Die unterirdischen Organe mancher Arten sind dadurch verändert, beispielsweise korallenförmig bei der Korallenwurz oder nestartig bei der Nestwurz. Wie die Liliengewächse (Liliaceae) gehören die Orchideen zu den einkeimblättrigen Pflanzen, die meist parallelnervige Blätter aufweisen. Im Blütenaufbau sind sie aber durch eine dorsiventrale Symmetrie ausgezeichnet, d. h., man kann eine gedachte Achse durch die Blüte legen, um spiegelbildlich gleiche Hälften zu erzielen.

Die Blüte enthält sechs Hüllblätter. Auf drei äußere folgen zwei innere, das mittlere dieses Kreises ist zu einer Lippe (Labellum) umgestaltet. Sind alle fünf Blätter gleichgestaltet, spricht man von einem Perigon mit Tepalen. Oft aber sind die äußeren (Sepalen) und die inneren (Petalen) unterschiedlich geformt oder gefärbt. Die Lippe stand ursprünglich nach oben (beim Widerbart ist das noch so), doch erwies sich dies in der langen Entwicklungsgeschichte als ungünstig. Die „praktikablere" Stellung nach unten wurde meist durch eine Drehung des unterständigen Fruchtknotens um 180 Grad (z. B. Kuckucksblume) oder durch eine gleichartige Drehung des Blütenstieles (z. B. Stendelwurz) erreicht.

Nach Größe, Form und Färbung ist die Lippe, die als Anflugsorgan für die Bestäuber dient, außerordentlich

Oft charakteristisch – Blütenstand und Einzelblüte, Lippe und Perigon

verschieden gestaltet, manchmal sind kurze oder lange, mit Nektar gefüllte Sporne vorhanden. Als Ausdruck spezialisierter Bestäubungsmechanismen ist im Inneren der Blüte die Säule (Columna, Gynostemium) recht kompliziert aufgebaut. Sie entstand durch eine Verwachsung der Staubblätter (zwei beim Frauenschuh oder eins bei den übrigen Arten) mit Griffel und Narbe des Fruchtknotens. Schaut man in die Blüte, erkennt man mittig das Staubblatt mit dem sterilen Verbindungsstück und seitlich die beiden Antherenhälften. In diesen befinden sich bei den meisten heimischen Arten an einem Stiel die Pollenpakete. Am unteren Ende ist ein Klebkörper ausgebildet. Als Teil des mittleren Narbenlappens trennt ein Schnäbelchen mit Fortsatz die beiden Pollenfächer. Unter diesen befindet sich die Narbenfläche. Bedeutsam ist, dass die Pollen überwiegend nicht als Einzelkorn verteilt werden, sondern als Viererpakete (Tetraden), lose Tetradenhaufen, komplexe Pollenpakete (Pollinien) oder gegliederte Aggregationen (Pollinarien) vorliegen. Die Übertragung erfolgt meist durch Insekten, wobei diese durch Form und Farbe, Duft und Nektar angelockt werden. Wenige Arten sind zur Selbstbestäubung übergegangen.

Werden die Pollenpakete vom Bestäuber aus der Blüte entnommen (sie sitzen wie Hörnchen auf dem Insektenkopf!), sinken sie nach gewisser Zeit nach unten und können beim nächsten Blütenbesuch auf die Narbe gelangen. Ein einziges reicht aus, um zahllose Eizellen gleichzeitig zu befruchten. Es bildet sich als Frucht eine Kapsel, die bei ihrer Reife aufplatzt und Tausende winziger und leichter Samen entlässt. Diese enthalten einen ungegliederten Embryo und faktisch kein Nährgewebe. Sie werden vom Wind verbreitet. Unter günstigen Bedingungen können sie keimen, wobei bereits Pilzfäden in den keimenden Embryo eindringen. Allerdings bildet sich erst eine als Protocorm bezeichnete Zellmasse, an der Wurzelhaare und oben ein Vegetationspunkt entstehen. Daraus bilden sich das erste und die folgenden Blätter, schließlich auch die Knolle bzw. das junge Rhizom.

Aus den Knollen treiben dann im Herbst oder Frühjahr die Blätter aus. Die Blütentriebe werden während einer spezifischen Zeitspanne von mehreren Jahren gebildet. Die notwendigen Nährstoffe werden der Knolle entnommen, die dabei aufgebraucht wird. Gleichzeitig entsteht eine neue Knolle, in der wieder Stoffe gespeichert werden. Nach dem Vergilben und Absterben wächst aus dieser im nächsten Jahr wieder eine Pflanze. Der Anteil blühender und nichtblühender Exemplare kann von Art zu Art und von Jahr zu Jahr wechseln.

Aus den an einem Rhizom vorhandenen Vegetationspunkten können jährlich sowohl Blütentriebe als auch nichtblühende Stängel wachsen. Da sie denselben Ursprung haben, sind sie genetisch völlig gleich, man spricht von Ramets. Insofern unterscheiden sich aus Knollen gewachsene Sprosse (z. B. Knabenkraut) von denen der klonal wachsenden Arten (z. B. Frauenschuh, Waldvöglein), was evtl. bei Individuenzählungen zu beachten ist.

Ungeschlechtliche Fortpflanzung ist möglich, indem sich Rhizome teilen oder mehrere Knollen angelegt werden.

4.2.   Orchideenarten in und um Jena

In der Jenaer Umgebung kamen früher insgesamt 44 der in Deutschland heimischen 55 Orchideenarten vor.

Aus unterschiedlichen Gründen sind zehn Arten aus der lokalen Flora verschwunden. Etliche Angaben von DIETRICH (1826), BOGENHARD (1850) oder SCHULZE (1889, 1894) konnten – wie die Übersicht zeigt – nicht mehr bestätigt werden.

Vermutlich ausgestorbene Arten und einige frühere Fundorte (nach BOGENHARD 1850 u. a.)

Grüne Hohlzunge (*Coeloglossum viride:* Luftschiff, Zeitzgrund, Bollwerk, Schleifreisen, Dorna),

Holunder-Kuckucksblume (*Dactylorhiza sambucina:* Rautal, Forst, Jenzig, Wöllmisse),

Blattloser Widerbart (*Epipogium aphyllum:* Waldeck, Tautenburg),

Wohlriechende Händelwurz (*Gymnadenia odoratissima:* Großlöbichau, Schönleina, Dorlberg),

Sumpf-Weichwurz (*Hammarbya paludosa:* Hermsdorf),

Sumpf-Glanzkraut (*Liparis loeselii:* Großlöbichau),

Kleines Zweiblatt (*Listera cordata:* Waldeck, Fröhliche Wiederkunft),

Wanzen-Knabenkraut (*Orchis coriophora:* Zeitzgrund, Ruttersdorf, Göschwitz, Kunitz),

Weißzunge (*Pseudorchis albida:* Ruttersdorf, Zeitzgrund),

Herbst-Drehwurz (*Spiranthes spiralis:* Lotschen, Ruttersdorf, Zeitzgrund, Laasdorf, Schönleina).

Nach neueren Studien ist sicher, dass alle Angaben über frühere Vorkommen von Traunsteiners Kuckucksblume *(Dactylorhiza traunsteineri)*, Hummel-Ragwurz *(Ophrys holoserica)* oder auch Affen-Knabenkraut *(Orchis simia)* auf Fehldeutungen oder Verwechslungen basieren.

Nur an sehr wenigen, schwer zugänglichen Stellen kommen noch Fleischfarbene Kuckucksblume (*Dactylorhiza incarnata*: ehem. Kunitz, Winzerla, Ölknitz, Magersdorf, Leutra), Honigorchis (*Herminium monorchis*: ehemals Ammerbach, Forst, Wöllmisse, Leutra) und Kleines Knabenkraut (*Orchis morio*: ehemals Neue Schenke, Stadtroda, Lotschen, Ruttersdorf) vor. Seit wenigen Jahren erscheint an einer Stelle auch die Pyramiden-Spitzorchis (*Anacamptis pyramidalis*: ehem. Jenaprießnitz, Forst, Rautal, Hausberg) wieder im Gebiet.

Erwähnenswert ist, dass an manchen Stellen in der freien Landschaft Arten eingebracht wurden, die es dort bisher nicht gab. Mit dem Ziel weiterer Untersuchungen zur Individual- und Populationsentwicklung wurden z. B. durch den Arbeitskreis Orchideen Thüringen (AHO)

Spitzorchis Hummel-Ragwurz

in genehmigten und wissenschaftlich dokumentierten Experimenten Anpflanzungen der Steifblättrigen Kuckucksblume vorgenommen (das Pflanzenmaterial stammte aus zugeschütteten Tagebaurestlöchern).

Darüber hinaus aber basiert mancher Neufund auf ungesetzlichen Aktivitäten (Ansalbungen). Tatsächlich gibt es Vorkommen der Hummel-Ragwurz oder sogar fremdländischer *Ophrys*-Hybriden. Das Ohnhorn *(Aceras*

Einknollige Honigorchis   Kleines Knabenkraut

anthropophorum) wurde entdeckt. Die Meinungen zu solchen Ansalbungen sind geteilt: Handelt es sich um eine erfreuliche Bereicherung oder eine Florenverfälschung mit evtl. nachteiligen Folgen? Letzteres befürchtet der Arbeitskreis Heimische Orchideen Thüringen und wendet sich im Einklang mit den gesetzlichen Bestimmungen gegen solche Ansalbungen.

Manchmal sieht man Wühlstellen und ausgewühlte Orchideen, zurückzuführen auf Wildschweine oder den Dachs, die gezielt nach Orchideenknollen suchen. Problematischer sind Grabelöcher, die von „Orchideenfreunden" angelegt wurden, um Orchideen in den eigenen Garten zu holen, sie in Kultur zu nehmen, was nach den Artenschutzbestimmungen ebenso verboten ist wie das Abpflücken.

4.3. Dynamik und Wandel, Gefährdung und Schutz der Arten und Biotope

Das Artenspektrum unterlag und unterliegt Veränderungen. Mit der Ausdehnung menschlicher Siedlungen, der Rodung von Wäldern und der Entstehung und Ausdehnung von Grünland breiteten sich bei uns Arten des Offenlandes aus. Infolge klimatischer Veränderungen kamen oder verschwanden Arten, auch unterschiedliche Nutzungseinflüsse führten zum Rückgang oder zur Ausbreitung. Wahrscheinlich drangen manche Orchideenarten mit dem Weinbau bis zu uns vor.

Der vor allem seit 1850 rasch ablaufende Florenwandel lässt sich durch die floristische Literatur belegen. Auch in den letzten fünf bis sechs Jahrzehnten vollzogen sich mit der Intensivierung der Landwirtschaft, der Ausdehnung der Siedlungsflächen und der Trockenlegung von Feuchtflächen teilweise dramatische Veränderungen im Artenbestand und Biotopgefüge. Die daraus resultierende Gefährdung versucht man in sog. Roten Listen zu dokumentieren, um mit der Einstufung in „ungefährdet" (-), „gefährdet" (3), „stark gefährdet" (2), „vom Aussterben bedroht" (1) und „ausgestorben" (0) auf die problematische Situation aufmerksam zu machen. Diesem Anliegen dient außerdem die Hervorhebung jeweils einer Art als „Orchidee des Jahres". Die Arbeitskreise Heimische Orchideen (AHO) aller Bundesländer wählen seit 1989 jährlich einen Vertreter aus, um die Art und den entsprechenden Lebensraum in den besonderen Blickpunkt zu rücken.

Eine Dynamik ergibt sich aus dem wechselvollen Witterungsgeschehen. Je nach Temperatur und Niederschlag der Jahreszeiten verändert sich der Anteil blühender und nichtblühender Pflanzen bzw. das Ausmaß der Orchideenblüte. „Gute" und „schlechte" Jahre wechseln, man findet mehr oder weniger Blütenstände (etwa der Spinnen-Ragwurz), oder es kommt – durch Spätfrost bedingt (etwa beim Blassen Knabenkraut) – zu einem Totalausfall. Die Bestandszahlen einiger Arten (z. B. Bocks-Riemenzunge, Bienen-Ragwurz) haben – wohl verursacht durch die warmen letzten Jahre – deutlich zugenommen. Doch klare Zusammenhänge zwischen dem Blühverhalten und dem Witterungsgeschehen – oft modifiziert durch das Mikroklima und die Biotopstrukturen – sind kaum bekannt, zu wenig Langzeitdaten liegen bisher vor. Es ist ein Anliegen ernsthafter Orchideenforschung, die Populationsdynamik durch Langzeitstudien (Monitoring) zu erfassen.

Bocks-Riemenzunge im NSG „Dohlenstein und Pfaffenberg" bei Kahla – Neufunde belegen eine Ausbreitung

Schließlich werden diese fachlich begründeten Bemühungen durch den gesetzlich verankerten Schutz unterstützt. Auf der Grundlage von Artenschutzbestimmungen (Thüringer Naturschutzgesetz, Bundesartenschutzverordnung, Washingtoner Übereinkommen u. a.) sind alle Orchideen „besonders geschützt" oder gar „streng geschützt". In der Fauna-Flora-Habitat-Richtlinie (FFH) der EU ist der Frauenschuh sogar als Art von gemeinschaftlichem Interesse extra hervorgehoben.

Die Bestätigung des Naturschutzgroßprojektes „Orchideenregion Jena – Muschelkalkhänge im Mittleren Saaletal", die Bildung eines Zweckverbandes und die Ausweisung von acht Kerngebieten basierten insbesondere auf dem Reichtum an Orchideen in den landschaftstypischen Biotopen. Inzwischen gewann die FFH-Richtlinie an Bedeutung, die auf den Schutz von Lebensraumtypen orientiert und den Aufbau eines europäischen Schutzgebietsnetzes NATURA 2000 fordert. In diesem Rahmen sind im Territorium der Stadt Jena und im Saale-Holzland-Kreis insgesamt 21 FFH-Gebiete (z. T. bestehenden Naturschutzgebieten entsprechend) ausgewählt und gemeldet worden. So ergibt sich ein weitreichender Flächenschutz, vorausgesetzt, jeder ist sich der Verantwortung für die Erhaltung der biotischen Vielfalt (Biodiversität) bewusst.

Bestimmte Lebensräume sind nach §18 des Thüringer Naturschutzgesetzes auch ohne andere Verordnung „besonders geschützt" (sog. §18-Biotope).

Für zahlreiche Flächennaturdenkmale (FND) bzw. Geschützte Landschaftsbestandteile (GLB, z. B. „Südhang Lobdeburg", „Weinberg" bei Rabis oder „Kiefenberg" bei Schkölen) und einige Naturschutzgebiete (z. B. NSG „Leutratal und Cospoth", „Gleistalhänge", „Kernberge und Wöllmisse bei Jena", „Spitzenberg – Schießplatz Rothenstein – Borntal") sind Orchideen in besonderem Maße charakteristisch und damit wertbestimmend.

4.4.   Zur Geschichte der Orchideenforschung

Orchideen erregen schon seit Jahrhunderten die Aufmerksamkeit der Floristen Thüringens.

Johannes THAL rückte in seiner „Sylva Hercynia" (1588) erstmals auch diese Vertreter heimischer Flora in den Blickpunkt. Immerhin erwähnte er schon 21 Arten.

Für den Jenaer Raum ist auf RUPPIUS (1718, 1726) und HALLER (1745) zu verweisen.

Etwas mehr als ein halbes Jahrhundert musste vergehen, ehe in lokalen oder regionalen Florenwerken wieder Zusammenstellungen vorgenommen, Fundorte mitgeteilt und landschaftliche Besonderheiten beschrieben wurden. GRAUMÜLLER (1803) und DIETRICH (1826) erläuterten die „Flora Jenensis" und hoben dabei auch die Orchideen hervor. Mit ökologischem Sachverstand charakterisierte wenig später BOGENHARD (1850) – unterstützt von SCHLEIDEN – die „Flora von Jena". SCHÖNHEIT (1850) beschrieb die Pflanzenwelt ganz Thüringens.

Ein hervorragender Kenner der Orchideenflora Thüringens und Deutschlands wurde dann Max SCHULZE (1889), erstmals widmete er „Jenas Orchideen" seine besondere Aufmerksamkeit.

Immer deutlicher wurde der Wandel im Artenbestand und der Anteil menschlicher Aktivitäten an diesen Prozessen. Gedanken und Forderungen nach Erhaltung und Schutz dieser floristischen Besonderheiten kamen auf. Otto FRÖHLICH (1943, 1968) betonte die Eigenart dieser Pflanzen in dieser Landschaft und beklagte manchen Verlust.

Fritz FÜLLER (1962) versuchte mit seinen Büchern, Menschen für den Orchideenschutz zu interessieren.

Nach dem Vorbild von Norbert WISNIEWSKI und dem zentralen Arbeitskreis entstand 1972 in Jena eine „Fachgruppe zur Beobachtung und zum Schutz heimischer Orchideen". Mehrere kleinere Zusammenstellungen führten 1990 zu der Broschüre „Jena's Orchideen heute".

In den Jahren nach 1990 wurde die Arbeit in der Regionalsektion des neu gegründeten Arbeitskreises Heimische Orchideen Thüringen e.V. (AHO) fortgeführt und mündete in die von HEINRICH et al. (1999) erarbeitete Schrift zu den Orchideen in Jena und im Saale-Holzland-Kreis. Inzwischen gibt es in dieser „Grünen Reihe" des AHO auch für den Kreis Weimarer Land eine entsprechende Übersicht (FELBER et al. 2004). Zu verweisen ist auch auf die neue „Flora von Thüringen" (ZÜNDORF et al. 2006).

Auch Mitglieder des Naturschutzbundes warben für den Orchideenschutz; es erschienen u. a. die „Orchideenwanderungen um Jena" (KRAUTWURST 1991).

Eine gelungene Darstellung über „Orchideen in Thüringen" bietet das vom AHO herausgegebene, reich und gut illustrierte Buch (ECCARIUS 1997). Die dort enthaltenen Übersichten über die lokale Verbreitung wurden im „Verbreitungsatlas" von KORSCH et al. (2002) ergänzt.

Deutschlandweite Darstellungen bieten der „Feldführer" von KRETZSCHMAR (2008), KREUTZ (2002) und das Buch von PRESSER (2000), vor allem aber legten kürzlich die AHO aller Bundesländer ein umfangreiches Werk über „Die Orchideen Deutschlands" vor (2005).

Orchideenliteratur gibt es also reichlich, auch wenn ein Teil der Schriften für manchen Orchideenliebhaber oft schwer erreichbar und vielleicht zu speziell ist.

Die vielfältigen Aspekte eines notwendigen Orchideenschutzes und die weitreichenden, komplexen Aufgaben im Rahmen des Naturschutzgroßprojektes „Orchideenregion Jena" oder bei der Durchsetzung der FFH-Richtlinie erforderten und erfordern weitere Untersuchungen über die Verbreitung, Biologie und Ökologie der Orchideen. Orchideenforschung ist ebenso nötig wie Biotoppflege und Effizienzkontrolle. Dabei sind die Mitarbeit vieler Bürger und eine breite Akzeptanz des Naturschutzgedankens und der entsprechenden Maßnahmen gefordert.

5. KATALOG

Die 30 Arten, die derzeit im Gebiet um Jena zu finden sind, sollen nachfolgend kurz beschrieben werden.

Der Katalog ist alphabetisch nach den wissenschaftlichen Bezeichnungen geordnet (bei diesen wurde auf die Angabe der Autoren verzichtet). Voran stehen die deutschen Namen. Es werden im wesentlichen die von KORSCH et al. (2002) bzw. ZÜNDORF et al. (2006) verwendeten deutschen und wissenschaftlichen Bezeichnungen angegeben. Die Etymologie der Gattungsnamen und Artepitheta wird kurz erläutert. Beigefügt werden die Gefährdungskategorien in den Roten Listen Thüringens (RLT) und Deutschlands (RLD): 0 = ausgestorben, 1 = vom Aussterben bedroht, 2 = stark gefährdet, 3 = gefährdet, V = Vorwarnstufe, - nicht gefährdet. Der Verweis auf die „Orchidee des Jahres" soll spezifische Schutzaspekte in den Blickpunkt rücken.

Die „Steckbriefe" wurden nach einem einheitlichen Schema gestaltet. Im Text folgen weitere Erläuterungen zur Biologie und Ökologie der Arten, zu ihrer Verbreitung, den Vorkommen im Gebiet, der Gefährdung und zur notwendigen Biotoppflege. Diese Angaben können aus Platzgründen nicht bei allen Arten in gleicher Weise erfolgen, spezifische Aspekte werden bei der jeweiligen Art hervorgehoben. Fotos sollen helfen, die Arten im Gelände wiederzuerkennen und die Unterschiede zu anderen Arten zu verdeutlichen.

Bleiches Waldvöglein

*Cephalanthera
damasonium*

(griech. kephale =
Kopf, anthera =
Staubblatt;
lat. damasonium
= Pflanzenname)

RLT -, RLD -

Rote Liste Thür./
Rote Liste
Deutschland

Merkmale: Pflanzen 15-60 cm hoch, 2-6 Stängelblätter, wechselständig, eiförmig bis breitlanzettlich, aufrecht. Laubblattartige Tragblätter, die Blüten überragend. Lockerer Blütenstand mit 3 bis 8 (15) aufrechten Einzelblüten, spornlos. Perigonblätter stumpf

Blütenfarbe: Gelblichweiß bis cremefarben, Epichil mit orangefarbenen Leisten

Besonderheiten: Blüten meist nicht voll geöffnet, Perigonblätter zusammenneigend, Lippe verborgen (Selbstbestäuber!)

Blütezeit: Mai, Juni

Variabilität: Pflanzen sehr selten hellgrün bis weiß, chlorophylllos. Selten gabelige Blütenstände

Biotopansprüche: Meist schattige Laub- und Mischwälder, auch in Nadelholzforsten, seltener in Gebüschen, manchmal sogar auf Waldwiesen

Vorkommen im Gebiet: häufig, überall in den Wäldern auf Kalk und Röt, auch in Gärten, Parks u. Friedhöfen

Gefährdung: Ungefährdet, im Gebiet noch bestandsgesichert

Die Gattung *Cephalanthera* umfasst etwa 15 Arten, davon sind 7 eurasisch – vor allem im Mittelmeergebiet – verbreitet. Es sind Erdbewohner (Geophyten), die ein waagerecht wachsendes, meist reich verzweigtes und sich immer wieder bewurzelndes Rhizom besitzen. Beim Weißen Waldvöglein kann dies bis zu 50 cm lang sein.

Cephalanthera zählt zur Verwandtschaft der Stendelwurz *(Epipactis),* der vorwiegend im Mittelmeergebiet vorkommenden Gattung Dingel *(Limodorum)* und der rein tropisch-asiatisch verbreiteten Gattung *Aphyllorchis.* Bei ihnen allen ist als charakteristisches Merkmal die Lippe zweigeteilt in ein bauchig wirkendes Hinterglied (Hypochil), das wie bei *Limodorum* und beim Widerbart *(Epipogium)* mitunter einen kleinen Sporn besitzen kann, und ein demgegenüber flach geformtes Vorderglied (Epichil). Bemerkenswert ist, dass eine Klebscheibe fehlt, die ganze Narbe ist klebrig.

Das Bleiche oder Weiße Waldvöglein ist in Thüringen eine der häufigsten Orchideen unserer Buchenwälder, vor allem auf Muschelkalk, teilweise aber auch auf Zechstein. Sie tritt kennzeichnend in den Orchideen-Buchenwäldern (ehemals als Cephalanthero-Fagetum bezeichnet!) auf. Aber auch in lichten bis schattigen Eichen-Hainbuchenwäldern sowie an Waldrändern und Gebüschsäumen kann man der Art begegnen. Sogar in relativ dichten, somit lichtschwachen Fichten- oder Kiefernforsten ist sie zu finden.

Im Alpenvorland und in den Alpen kommt sie in Höhenlagen bis zu 1300 m NN vor. Generell scheint sie kalkliebend, doch auch bodentolerant zu sein, neutrale bis schwach saure Böden werden nicht gemieden. Vermutlich fehlt sie nur in ausgesprochen waldfreien Gebieten und auf stark sauren Böden.

Langblättriges Waldvöglein

Cephalanthera longifolia

(griech. kephale = Kopf; anthera = Staubblatt; lat. longus = lang; folium = Blatt)

RLT 2, RLD -

Merkmale: Pflanzen 15-60 cm hoch, zahlreiche Stängelblätter, lineal-lanzettlich, meist rinnig, steif aufrecht, oft die Blütenähre überragend. Tragblätter kürzer als der Fruchtknoten. Blütenstand locker, bis 25 (40) Einzelblüten, spornlos. Perigonblätter spitz

Blütenfarbe: Weiß, Epichil mit orangefarbenen Leisten, oranger Spitze

Besonderheiten: Blüten halb offen bis offen

Blütezeit: Mai, Juni

Variabilität: Nur in der Größe und Beblätterung

Biotopansprüche: Halbschattige Laubmischwälder, Waldränder (§18 – Biotope!)

Vorkommen im Gebiet: Ehemals an fast 20 Lokalitäten, jetzt sehr selten, nur noch 3 aktuelle Fundorte

Gefährdung: Ausdunkelung

Schon die Trivialnamen Schwertblättriges oder Langblättriges Waldvöglein verweisen auf das Merkmal, durch das sich diese ebenfalls weißblütige Art vom Bleichen Waldvöglein unterscheidet. *Cephalanthera longifolia* besitzt recht lange und steif wirkende Blätter, die in ganz charakteristischer Weise in einem spitzen Winkel von der Sprossachse schräg nach oben abstehen.

Sie ist in Thüringen die seltenste Art der Gattung und wird in der aktuellen Roten Liste als stark gefährdet eingestuft. Viele der ursprünglichen Vorkommen im westlichen, nördlichen und mittleren Thüringen sind erloschen. In den südlichen und östlichen Landesteilen gab es ohnehin weniger Fundstellen, doch sind auch davon viele verschwunden. Im Jenaer Gebiet kann man der Art nur noch an drei Stellen begegnen.

Für das südliche Sachsen-Anhalt werden noch wenige, stark verstreut liegende Fundpunkte bestätigt, aber auch in diesem Bundesland scheint die Populationsdichte rückläufig zu sein, ebenso gibt es aus Sachsen (vom Aussterben bedroht!) nur wenige Belege. Verbreitungskarten weisen für Mecklenburg nur sieben Vorkommen aus, vier davon auf Rügen. Berlin und Brandenburg betrachten das Langblättrige Waldvöglein als vom Aussterben bedroht. Für Schleswig-Holstein gilt diese Orchidee als erloschen. In Niedersachsen und Nordrhein-Westfalen wird in den Roten Listen die Schutzkategorie 2 (stark gefährdet) angegeben. Im Saarland, in Baden-Württemberg und Bayern wird sie als gefährdet eingestuft. Nur in Hessen und Rheinland-Pfalz scheint die Art noch ungefährdet zu sein. Es liegen mehrere Fundpunkte mit hoher Individuenstärke vor. Allerdings beobachtet man dort, dass Änderungen der Waldbaumethoden rasch zu einer Zurückdrängung führen können.

*Cephalan-
thera rubra*

(griech. kepha-
le = Kopf;
anthera =
Staubblatt; lat.
rubra = rot)

RLT V, RLD -

Merkmale: Pflanzen 20-100 cm hoch, Stängel schlank, oft bogig, oben drüsig behaart; zahlreiche eiförmig-lanzettliche Blätter in der unteren Stängelhälfte. Blütenstand locker, bis 20 Einzelblüten, 25 bis 30 mm groß, spornlos. Paarige Sepalen abspreizend, Fruchtknoten flaumig

Blütenfarbe: Rosa bis rotlila, Epichil aber weißlich mit ockerfarbenen Leisten, Spitze lila

Besonderheiten: Setzt bei zu starker Beschattung mit der Blüte aus

Blütezeit: Mai, Juni, Juli

Variabilität: Selten findet man vielblütige, sehr große Pflanzen, evtl. auch weißblütig (f. *alba*)

Biotopansprüche: Halbschattige Laubwälder, lichte Kiefernforste, Waldränder

Vorkommen im Gebiet: Im Kalkgebiet noch einige gut besetzte Vorkommen

Gefährdung: Aktuell ungefährdet, doch beeinträchtigt durch Lichtmangel im Altholz, Wildverbiss, Abpflücken

Da die Blütenhülle im Gegensatz zum Bleichen Wald-vöglein oft ausgebreitet ist, erscheint hier der deutsche Trivialname „Waldvöglein" verständlicher, erinnert doch die Blütenform an einen fliegenden Vogel. Durch die leuchtend rosa bis hellrosa, bisweilen lilaroten Blüten fallen Exemplare der Art sofort im Gelände auf.

Im Perigon sind die drei äußeren, etwa 15-23 mm langen Blütenblätter auf der Außenseite behaart und auswärts gebogen. Der innere Kreis besteht aus etwas kürzeren, oval-lanzettlichen, nicht so zugespitzten Blü-tenblättern. Die Lippe erreicht in etwa die Länge der Perigonblätter. Auch bei dieser Art ist sie zweigliedrig. Die relativ lange, ebenfalls rosenrote Säule steht auf-recht, ist aber schwach gekrümmt. Sie erreicht nur die halbe Lippenlänge. Auf ihrer Vorderseite ist die klebrige, tiefe Narbengrube zu erkennen. Die Anthere bildet zwei ungestielte Pollenpakete von stumpfsicheliger Form mit mehlartigen Pollen-Aggregationen.

Nektar ist nicht vorhanden. Trotzdem beobachtet man Blattschneiderbienen aus der Gattung *Chelostoma* als Blütenbesucher. Manche Blütenbiologen interpretieren diese Besuche als Fehlinterpretation der Blüten und als Verwechslung mit blauen Glockenblumen *(Campanula)*, die oft an gleicher Stelle auftreten und fast identische UV-Reflexionsmuster aufweisen sollen.

Unterbleibt eine Fremdbestäubung durch Insekten, erlaubt die längliche Form der Pollinien, die dicht am Narbenrand stehen, ein „Ausfließen" der Pollenmassen auf die Narbenfläche und somit – als Notbehelf – Selbst-bestäubung.

Korallenwurz

Corallorhiza trifida

(griech. korallion = Koralle; rhiza = Wurzel; lat. tri = drei; fidus = spaltig)

RLT 3, RLD 3

Merkmale: Pflanze grüngelblich, ohne Laubblätter, chlorophylllos. Nur am Grund scheidige Schuppenblätter. 5-25 cm hoch. 2-10 Einzelblüten in lockerem Blütenstand, nur 2-6 mm, spornlos. Sepalen abwärts gerichtet, Lippe zungenförmig. Wurzelstock korallenförmig verzweigt

Blütenfarbe: Grüngelblich, Lippe weiß mit roten Flecken

Besonderheiten: Schmarotzer, ernährt sich von zersetzter organischer Substanz. Meist einzeln stehend, in feuchten Jahren gesellig, oft aussetzend. Nur kurze Zeit blühend, auch Fruchtstände rasch vergänglich

Blütezeit: Mai

Variabilität: Sehr selten gegabelte Blütenstände, Blüten evtl. ganz weiß

Biotopansprüche: Schattige, unterwuchsarme Buchen- und Laubmischwälder

Vorkommen im Gebiet: Im Kalkgebiet zerstreut

Gefährdung: Empfindlich bei Witterungsextremen, sonst nur bei Biotopzerstörung

Die Korallenwurz besitzt wie Nestwurz *(Neottia)* und Widerbart *(Epipogium)* kein Blattgrün, kann also selbst nicht assimilieren. Die Pflanzen sind völlig mykotroph, mit Hilfe spezifischer Pilze werden bei diesen Schmarotzern aus faulendem Substrat die nötigen Nährstoffe aufgenommen. Wurzeln sind nicht vorhanden.

Früher zählte man diese chlorophylllosen Orchideen (nur selten und in geringen Mengen ist Chlorophyll nachweisbar) zu den Saprophyten, doch werden nach neuerer Auffassung nur Bakterien und Pilze (keine höheren Pflanzen!) zu diesen heterotrophen Organismen gerechnet, die – im Gegensatz zu den sich von anorganischen Stoffen ernährenden autotrophen – organische Substanzen aus der Umgebung aufnehmen müssen.

Aus dem kurzen Rhizom, das korallenartig verzweigt, etwas zusammengedrückt und von gelblichweißer bis bräunlicher Färbung ist, treiben Anfang Mai bis Anfang Juli die recht kleinen Pflanzen aus. Meist stehen sie einzeln, manchmal aber sind Gruppenbildungen möglich, wobei diese Ramets – aus einem Rhizom stammend – genetisch identisch sind.

Die Bestäubung der kleinen Blüten erfolgt durch Insekten, wahrscheinlicher ist Selbstbestäubung. Nach der Blüte streckt sich der Stängel nochmals, so dass die fruchtenden bräunlichen Pflanzen deutlich größer werden. Die birnenförmigen Kapseln, an denen die trockenen Perigonblätter noch lange erkennbar bleiben, hängen herab. Daran ist die Korallenwurz leicht und eindeutig vom Fichtenspargel *(Monotropa)* oder der Sommerwurz *(Orobanche)* zu unterscheiden.

Frauenschuh   Orchidee des Jahres 1996, 2010

Cypripedium calceolus

(griech. Kypris = Name der Aphrodite auf Zypern; pedilon = Schuh;
lat. calceolus = Pantoffel)

RLT 2, RLD 3

Merkmale: Bis 60 cm hoch. 3-4 Blätter groß, breitelliptisch bis eiförmig, wellblechartig geadert, wie der Stängel
seidig behaart. Blütenstand ein- bis zweiblütig, selten
drei- oder vierblütige Stängel. Blüten groß, nach Apri-
kosen duftend. Sepalen und Petalen kreuzförmig stehend, Petalen spiralig gedreht, seitliche, nach unten gerichtete Sepalen verwachsen, nur zwei freie Spitzen,
Lippe schuhförmig

Blütenfarbe: Perigonblätter purpurrot, Lippe gelb

Besonderheiten: 2 fertile Staubblätter. Kesselfallenblume. Selten in größeren Trupps wachsend. Bei der
lichtliebenden Art bleibt mit stärkerer Beschattung die
Blüte aus

Blütezeit: Mai, Juni

Variabilität: Sehr selten Farbabweichungen: Zitronen-
gelbe (Goldschuh; f. *flavum*), kupfergelbe (f. *fulvum*),
grünliche (f. *viridiflorum*) Perigonblätter, weißer Schuh

Biotopansprüche: Lichte Kiefern- und Fichtenforste, lichte
Buchen- und Laubmischwälder, in grasreichen Partien

Vorkommen im Gebiet: Auf Kalk noch zerstreut vorhanden, linkssaalisch häufiger, vereinzelt individuenreich

Gefährdung: durch Abpflücken, Ausgrabungen. Rückgang infolge Lichtmangels im Altholz

Zur Gattung *Cypripedium* zählen etwa 40 Arten. Einige kommen in Amerika vor (z. B. *C. pubescens, C. reginae*), besonders artenreich ist China (z. B. *C. fasciolatum, C. macranthos*). Im Gegensatz zu den anderen Orchideen, die nur noch ein Staubblatt aufweisen, sind beim Frauenschuh und seinen Verwandten noch zwei fertile Staubblätter vorhanden. Das veranlasst einige Botaniker, eine eigene Familie der Frauenschuhgewächse (Cypripediaceae) zu begründen.

Unser heimischer Frauenschuh, dessen Areal sich weit nach Osten erstreckt, ist eine ausgesprochen auffällige und attraktive Pflanze. Vor allem die eigenartig gestaltete Blüte gab Anregungen für viele Volksnamen: Pantoffelblume, Holzschuhblume, Schlumpschuh, Ochsenbeutel, Schafsack, Schlotterhose, Jungfernschön oder Marienschelle. Mit Bezeichnungen wie Kuckucksblume, Marien- oder Pfingstblume sind auch Bezüge zur Blütezeit erkennbar.

Bekannt wurde er in blütenbiologischer Hinsicht auch als Kesselfallenblume (Täuschblume). Durch den Farbkontrast des gelben Schuhs zum Braunrot der Perigonblätter werden Insekten optisch angelockt. Sie gleiten an dem nach innen gebogenen Rand des Schuhs ab und rutschen in das Innere, wo sie zunächst gefangen sind. Über den bequemen Zugang an der Vorderseite der Lippe können kleinere Tiere wegen der einwärts geneigten Ränder nicht entweichen. Farblose helle Fenster im hinteren Teil des Schuhs signalisieren einen Ausweg. Über saftige Haare – früher fälschlich als „Futterhaare" gedeutet – klimmen sie dann an der hinteren Kesselwand empor und streifen dabei Pollen ab.

Fuchs´ Kuckucksblume

Dactylorhiza fuchsii

(griech. dactylos = Finger; rhiza = Wurzel; Fuchsii – nach Leonhard FUCHS 1501-1566)

RLT V, RLD -

Merkmale: Pflanzen bis 70 cm hoch, Grundblätter mit purpurbraunen Flecken, stängelständige ebenso, nach oben kleiner werdend, von der Blütenähre entfernt. Blütenstand anfangs kegelförmig, später zylindrisch, vielblütig. Lippe tief dreilappig, Mittellappen länger als Seitenlappen, meist dreieckig. Kegelförmiger Sporn abwärts gebogen

Blütenfarbe: Malvenfarben, lila bis rosarot. Lippe mit dunklerer Schleifen- und Punktezeichnung

Besonderheiten: Stängel markig. Blätter gefleckt (selten ungefleckt)

Blütezeit: Juni, Juli

Variabilität: Verschieden in der Blütenfärbung und Lippenzeichnung, sehr selten rein weiße Blüten (f. *alba*)

Biotopansprüche: In halbschattigen Laubmischwäldern, Gebüschen, Waldlichtungen, meist aber auf tonigen bis schlufflehmigen, zeitweilig staunassen Böden (Oberer Muschelkalk). Bei uns auf Wiesen sehr selten

Vorkommen im Gebiet: Zerstreut bis selten, in manchen Wäldern der Hochfläche noch individuenreich

Gefährdung: Aktuell ungefährdet, dennoch beachten: Gefahr durch Ausdunkelung

Die volkstümlichen deutschen Bezeichnungen „Finger-wurz" oder „Kuckucksblume" sind nicht überall ge-bräuchlich. Oft wird noch immer der Name Knabenkraut verwendet. Es ist aber nicht eindeutig und nicht ausrei-chend, Vertreter der Gattung *Orchis* und auch der Gattung *Dactylorhiza* als „Knabenkräuter" zu bezeich-nen. Tatsächlich unterscheiden sich beide Gattungen, und man sollte dies auch im deutschen Namen zum Ausdruck bringen.

Beim Knabenkraut *(Orchis)* sind die Knollen ungeteilt, sackförmig bis kugelig, *Dactylorhiza*-Knollen weisen aber eine handförmige bzw. fingerartige Teilung auf. Darauf beziehen sich Volksnamen wie Gotteshändchen, Teufelsfüßchen oder Kuheuterchen. Abergläubische Leute trugen die „Johanneshändchen" als Glücksamu-lett. Als „Radix satyrionis" und „Palma Christi" spielten die Knollen auch in der mittelalterlichen Volksmedizin eine Rolle.

Knabenkräuter besitzen häutige Tragblätter und über der grundständigen Blattrosette nur ein scheidiges Stängelblatt. Mehrere Tragblätter bei den Kuckucksblu-men sind laubblattartig.

Nur in wenigen Florenwerken oder Orchideenbüchern wird man *Dactylorhiza fuchsii* aufgeführt finden. Sie ist mit dem Gefleckten Knabenkraut *(D. maculata)* so nahe verwandt, dass früher und teilweise noch heute eine Trennung nicht oder nur auf der Ebene der Unterart vorgenommen wird. Einige Autoren nennen eindeutige differenzierende Merkmale, andere halten eine klare morphologische und arealgeographische Differenzie-rung für unmöglich. Für unseren Raum scheint aber eine Zuordnung zu *D. fuchsii* völlig gerechtfertigt.

selten weißblütig:
f. *alba*

Breitblättrige Kuckucksblume

Orchidee des Jahres 1989

Dactylorhiza majalis

(griech. dactylos = Finger; rhiza = Wurzel; lat. maius = Mai)

RLT 2, RLD 3

Merkmale: 10-50 cm (selten 60 cm) hoch, breit eiförmige bis lanzettliche, oberseits bräunlich oder purpurn gefleckte Blätter. Stängel hohl, meist violett überlaufen. Vielblütig, bis 20 cm lang, zylindrisch. Sepalen aufgerichtet oder zurückgeschlagen, Lippe breit dreilappig bis ungeteilt. Sporn kurz, kegelförmig, abwärts gerichtet

Blütenfarbe: Hell- bis dunkelpurpurn, Lippe mit dunklerer Schleifenzeichnung

Besonderheiten: Gefleckte Blätter

Blütezeit: Mai, Juni

Variabilität: Verschiedenartige Blattfleckung, manchmal völlig ungefleckt. Variabel in der Blütenfärbung und Lippenzeichnung

Biotopansprüche: Auf feuchten und nassen Wiesen, in Quellmooren

Vorkommen im Gebiet: Ehemals verbreitet, in Auewiesen oft zu Tausenden. Aktuell nur noch wenige Fundstellen

Gefährdung: Veränderungen im Wasserhaushalt, Trockenlegung von Feuchtbiotopen, Nährstoffanreicherung und Konkurrenzdruck, Intensivweide, Auflassung

Ganzjährig oder zumindest periodisch feuchte bis nasse Wiesen – insbesondere in den Fluss- und Bachauen – gibt es inzwischen kaum noch. Sie wurden trocken gelegt, überschüttet, umgebrochen und in Ackerland überführt oder schließlich bebaut. An anderen Stellen wurden die Wiesen aufgelassen; mit der Brache gelangten hochwüchsige Stauden und schließlich Gehölze zur Vorherrschaft. Lichtliebenden, bodennah wachsenden, konkurrenzschwachen Pflanzen fehlte Licht und Platz. Mit diesem Wandel ist ein Rückgang vieler charakteristischer Elemente der Feucht- und Nasswiesen verbunden.

Zu solchen Arten zählt die Breitblättrige Kuckucksblume, früher auch als Geflecktes Knabenkraut bezeichnet. Auf grundwassernahen oder sickerwasserbeeinflussten lehmig-tonigen, schwach sauren wie mäßig kalkreichen Böden kam die Art ehemals in der Ebene wie im Bergland stellenweise massenhaft vor. In zahlreichen Florenwerken wurde sie „als häufigste Sumpforchidee Mitteleuropas" angegeben. Oft prägte diese Pflanze mit dem Rot ihrer Blüten das Bild der Feuchtbiotope. Noch vor etwa 30 Jahren schien die Art ungefährdet, viele schenkten ihr keine besondere Aufmerksamkeit, genauere Fundorte wurden meist nicht genannt. Doch bald wurde ein dramatischer Rückgang der Individuenstärken und der Fundortszahlen offenkundig. Die Breitblättrige Kuckucksblume musste in den Roten Listen als stark gefährdet oder gar vom Aussterben bedroht eingestuft werden.

Glücklicherweise sind die wertvollsten Vorkommen als Schutzgebiete gesichert. Dennoch besteht Anlass zur Sorge um die Erhaltung dieser Refugien.

Braunrote Stendelwurz

Epipactis atrorubens

(Epipactis = altgriech. Pflanzenname; ater = schwarz; ruber = rötlich)

RLT -, RLD -

Merkmale: Stängel unten dunkelrot gefärbt, bis 80 cm hoch, Blätter schmal- bis breiteiförmig, unterseits purpurn überlaufen, am Stängel oft zweizeilig stehend, das oberste aber den langgestreckten Blütenstand nicht erreichend. Dieser einseitswendig, meist reichblütig. Einzelblüten 10-15 mm, Perigon offen bis glockig, Lippe in Hypochil und Epichil gegliedert, letzteres mit gekrausten Höckern, spornlos

Blütenfarbe: Dunkelrot bis braunpurpurn

Besonderheiten: Stängel, Fruchtknoten und auch Kapseln drüsig behaart. Blüten nach Vanille duftend

Blütezeit: Juni, Juli

Variabilität: Grünlich-weiße (chlorotische) Pflanzen möglich. Selten Farbabweichungen in der Blüte, zitronengelb (f. *lutescens*) oder hellgrün (f. *viridiflora*)

Biotopansprüche: Magerrasen, vor allem auf Kalk, in lichten Kiefernforsten, seltener in Gebüschen und lichten Laubwäldern

Vorkommen im Gebiet: Häufig, überall an den Kalkhängen. An Straßenrändern (Baumaterial!) oder auch in Mauerritzen manchmal sekundär

Gefährdung: Aktuell ungefährdet, potenziell gefährdet durch Biotopzerstörung, Aufforstung, Ausdunkelung durch Aufwuchs der Schwarz-Kiefer

Für diese Gattung ist die wissenschaftliche Bezeichnung *Epipactis* eindeutig. In der älteren Literatur findet man aber häufig den deutschen Namen die oder der Sitter. Neuerdings wird darauf orientiert, die Bezeichnung „Stendelwurz" zu verwenden.

Wie bei der Gattung Waldvöglein ist auch bei *Epipactis* die Lippe durch eine Einschnürung in ein Hinterglied (Hypochil) und ein Vorderglied (Epichil) geteilt. Während aber bei den Waldvöglein-Arten die weißen oder roten Perigonblätter zusammenneigen und dadurch die Lippe meist verbergen, stehen sie bei den Stendelwurz-Arten ab; sie sind braun, purpurn oder grünlich gefärbt. Sitzende Blüten und einen gedrehten Fruchtknoten zeigen die Waldvöglein, auf kurzen gedrehten Stielen stehen die nicht gedrehten Fruchtknoten der Stendelwurz-Arten.

Aus einem unterirdischen, kurzen, dicken und fast waagerecht kriechenden Rhizom, das zahlreiche dicke Wurzeln trägt, entwickeln sich vereinzelt nichtblühende Sprosse, meist aber tragen die Pflanzen im einseitswendigen Blütenstand zahlreiche Blüten. Vielstängeligkeit oder gar Büschelbildung überrascht bei dieser klonal wachsenden Art nicht. An dem mit weißlichen Flaumhaaren besetzten oberen Stängelabschnitt befinden sich in der Achsel lanzettlicher Tragblätter die relativ kleinen und hängenden, rötlich- oder violett-braunen Blüten. Auch der 6-rippige Fruchtknoten ist kraushaarig bis flaumig. Das vordere herzförmige Lippenglied trägt am Grunde 2 krausgefaltete Höckerchen, das hintere, nektarführende, ist topfartig eingesenkt und innen dunkelviolett gefärbt. Außen erscheint es oft gelblich-grünlich, und auch das Blüteninnere (Säule, Anthere, Rostellum) ist gelblich, wodurch sich ein auffälliger Kontrast zum Purpur der Sepalen und Petalen ergibt.

Breitblättrige Stendelwurz

Orchidee des Jahres 2006

Epipactis helleborine

(Epipactis = altgriech. Pflanzenname; griech. Helleborine = ein Pflanzenname)

RLT -, RLD -

Merkmale: 20-100 cm hoch, Blätter breit eiförmig bis lanzettlich, untere fast waagerecht abstehend. Blütenstand locker, aber auch dicht und reichblütig. Blüten offen, spornlos. Sepalen hellgrün, Petalen weißlich, hellgrün oder rosa bis rotviolett, Lippe gegliedert in Hypo- und Epichil, dieses mit zwei Höckerchen

Blütenfarbe: Hellgrün bis rosa, Nektargrube dunkelrot bis braun

Besonderheiten: Bestäubung d. Insekten, Rostelldrüse deutlich sichtbar. Blüht bei Trockenheit oft nicht auf!

Blütezeit: Juli, August

Variabilität: Hinsichtlich Größe, Blattgestalt und Blütenfärbung recht verschieden. Früher als Sammelart nicht von *E. muelleri* und *E. leptochila* getrennt

Biotopansprüche: In Buchen- und Laubmischwäldern, Kiefernforsten, Gebüschen, selten in Magerrasen, auch an Sekundärstandorten

Vorkommen im Gebiet: Zerstreut, in den letzten Jahren stellenweise seltener

Gefährdung: Aktuell ungefährdet

Die außerordentliche Formenvielfalt der *Epipactis* fiel den Floristen schon frühzeitig auf, zahlreiche Sippen wurden beschrieben. Dennoch bereitet die eindeutige Zuordnung bestimmter Exemplare oder Populationen Schwierigkeiten. Das liegt nicht nur daran, dass *E. helleborine* eine im Habitus und in der Blütezeit sehr stark variierende Sippe ist. Oft findet man nur knospende Exemplare, die unter ungünstigen Licht- und Feuchteverhältnissen leiden und kaum zur Blüte gelangen. Auch Blütenformen und -färbungen sind oft innerhalb einzelner und zwischen verschiedenen Vorkommen recht unterschiedlich. Erst spät wurden die blütenbiologischen Besonderheiten erkannt, fremd- und selbstbestäubende Arten unterschieden.

Epipactis helleborine s. l. (sensu lato = im weiteren Sinne) galt meist als Sammelart, der in Thüringen *E. helleborine* s. str., *E. muelleri, E. leptochila, E. greuteri* und *E. neglecta* zugeordnet wurden. Bezeichnend ist, dass lediglich *E. helleborine* s. str. (sensu stricto = im engeren Sinne) eine allogame Sippe ist, die vor allem von Wespen, aber auch von Hummeln und Schwebfliegen bestäubt wird. Alle anderen Arten sind entweder obligat oder fakultativ autogam.

Diese *E. helleborine* s. str. hat ein kurzes, dickes Rhizom mit zahlreichen fleischigen, bis zu 60 cm langen Wurzeln. Die aufrechte Sprossachse ist im unteren Teil oft violett überlaufen. Den 2-3 Schuppenblättern am unteren Teil des Stängels folgen je nach Stängelhöhe 3-12 mehr oder weniger breite, stark geaderte, spitzeiförmige bis lanzettliche Laubblätter. Sie stehen meist waagerecht am Stängel und können bis zu 15 cm lang und 10 cm breit werden, nach oben zu werden sie tragblattähnlich.

Schmallippige Stendelwurz

Epipactis leptochila

(Epipactis = altgriech. Pflanzenname; griech. leptos = schmal, zart; cheilos = Lippe)

RLT -, RLD -

Merkmale: Stängel dick, 30-70 cm hoch, Blätter breit eiförmig bis lanzettlich, licht- bis dunkelgrün, schlaff hängend. Blütenstand locker, einseitswendig. Untere Tragblätter lang, hängend. Perianth zusammenneigend bis offen

Blütenfarbe: Gelbgrün, selten rosa überlaufen

Besonderheiten: Lippe zweigliedrig, Spalt zwischen Hypo- und Epichil weit, V-förmig. Epichil lang, spitz, hellgrün bis weißlich; Hypochil tief halbkugelig. Klebdrüse des Rostellums fehlt, Selbstbestäuber

Blütezeit: Juli, August, vor der Breitblättrigen Stendelwurz

Variabilität: Unterschiedlich in Blütengröße und -färbung

Biotopansprüche: In schattigen Laubwäldern, meist in Nordexposition

Vorkommen im Gebiet: Selten, wenige isoliert voneinander befindliche Wuchsorte

Gefährdung: Aktuell ungefährdet, dennoch beachten: Biotopzerstörung, Auflichtung

Die Schmallippige Stendelwurz wächst vor allem in schattigen, unterwuchsarmen, aber falllaubreichen Buchenwäldern auf lockeren, trockenen bis frischen, stellenweise auch wechseltrockenen Kalkböden. Meist findet man nur einzelne Exemplare, doch können sich auch individuenreiche Populationen entwickeln.

Die blühenden Stängel entwickeln sich aus einem langen, kräftigen Rhizom, auch sterile Triebe treiben aus. Die Pflanzen sind weniger robust als die von *E. helleborine*. Ein bis zwei Schuppenblätter, die zur Blütezeit bereits vertrocknen, sind am Grunde des Stängels zu sehen, der dann weitere 3 bis 6 gelb- bis dunkelgrüne, breit eiförmige und lang zugespitzte Laubblätter trägt. Diese stehen waagerecht oder hängen schlaff herab. Die Blütenstandsachse ist behaart. Der Blütenstand enthält bis zu 30 große, locker angeordnete, hängende Blüten. Die unteren lineal-lanzettlichen Tragblätter sind viel länger als die Blüten. Die gelblich-grünen, mitunter rötlich überlaufenen Sepalen und Petalen neigen glockenförmig zusammen. Die Lippe ist bis 10 mm lang, wobei das breitschüsselförmige Hypochil innen rötlich, selten grün gefärbt ist und Nektar enthält. Das Epichil ist länger als breit, spitz-herzförmig und weist zwei rundliche, glatte, selten runzlige Basalhöcker auf. Die eiförmige Anthere befindet sich gestielt auf einem spitz zulaufenden Vorsprung der hinteren Säulenwand. Die Pollinien zerfallen bereits in der ungeöffneten Blüte, Pollen gelangen auf die Narbe und lösen so die Selbstbestäubung aus. Die Klebdrüse ist in frischen Blüten zum Teil noch ausgebildet, sie vertrocknet aber rasch und wird unwirksam. Vereinzelt ist Fremdbestäubung möglich.

Das Verbreitungsgebiet ist noch weitgehend unklar. Die bisher bekannten Vorkommen konzentrieren sich in mehreren Teilarealen auf West- und Mitteleuropa.

In Deutschland fehlt die Schmallippige Stendelwurz in Schleswig-Holstein, Mecklenburg und Brandenburg. In Nordrhein-Westfalen, Rheinland-Pfalz und Sachsen-Anhalt gibt es nur wenige Funde. Häufiger erscheint sie im südlichen Niedersachsen, in Hessen sowie in Bayern. Reichlich kommt sie in Baden-Württemberg und in Thüringen vor.

Gefährdungsgrade werden für einzelne Länder angegeben, doch bleiben diese bei der Unvollständigkeit der Kenntnisse problematisch.

Kleinblättrige Stendelwurz

Epipactis microphylla

(Epipactis = altgriech. Pflan-zenname; griech. mikros = klein; phyllos = Blatt)

RLT 2, RLD 3

Merkmale: Pflanzen 15-50 cm hoch, im oberen Teil graufilzig, oft violett überlaufen, 2-6 Blätter, sehr klein, schmal und kurz, am Rande flaumig, jeweils den nächsten Blattansatz nicht erreichend. Blütenstand locker, wenigblütig. Blütenhülle glockig. Lippe zweigliedrig, spornlos. Epichil herzförmig, mit gekrausten Höcker-chen

Blütenfarbe: Graugrün, Petalen rötlich, Sepalen grünlich

Besonderheiten: Zierlich, die kurzen Blätter violett überlaufen. Blüten nach Nelken duftend. Bestäubung durch Insekten, selten Selbstbestäubung. Fruchtkapseln filzig

Blütezeit: Juni, Juli

Variabilität: Hinsichtlich Größe. Selten Stängel kahl

Biotopansprüche: Schattige, unterwuchsarme Buchen-wälder, meist in Nordexposition

Vorkommen im Gebiet: Selten, oft übersehen

Gefährdung: Auflichtung, Bodenverdichtung, Trocken-heit

Im Gegensatz zu den anderen *Epipactis*-Arten sind bei der Kleinblättrigen Stendelwurz die Blätter am Rand wie auf den Nerven behaart und kürzer als die Stängelglieder. Am lockeren Blütenstand zählt man in der Achsel schmal-lanzettlicher, dreinerviger graugrüner oder rötlich überlaufener Deckblätter bis 15 kurzgestielte, kleine, nach Nelken duftende Blüten. Der Blütenstiel sowie der kreiselförmige Fruchtknoten tragen eine flaumige Behaarung. Gleichfalls sind die grünlich bis rötlich, außen etwas heller gefärbten Sepalen auf ihrer Außenseite kurzflaumig. Die etwas schmaleren Petalen erscheinen beiderseits grünlich bis weißlich. Sepalen und mittlere Petalen neigen glockig zusammen. Die Lippe hat etwa die Länge der Perigonblätter. Das innen weißlich bis rosa gefärbte Hypochil ist von sackartiger Form und nektarführend. Mit einer ziemlich weiten Öffnung ist es vom rundlich-eiförmigen bis herzförmigen, randlich gekerbten, weißen oder blassgrünen Epichil, das zwei krause Höckerchen trägt, getrennt. Die Rostelldrüse vertrocknet schnell, häufig erfolgt Selbstbefruchtung, gelegentlich kann aber auch Insektenbestäubung vorkommen. Samenansatz erfolgt meist reichlich, wobei die Fruchtkapseln auffällig groß sind.

In vielen Bundesländern fehlt die Art oder ist sehr selten und gefährdet. Für Thüringen wird die Art als ungefährdet eingestuft. Da BOGENHARD 1850 die Orchidee als selten beschrieb, aus den Kartierungen der letzten Jahre sich aber mehr als 25 Fundorte ergeben; könnte man vermuten, dass die Art gegenwärtig häufiger ist als im vorigen Jahrhundert.

Müllers Stendelwurz

Epipactis muelleri

(Epipactis = altgriech. Pflanzenname; muelleri – nach Hermann MÜLLER, 1829-1883)

RLT V, RLD -

Merkmale: 20-90 cm hoch, Blätter lang, zugespitzt, rinnig gefaltet, sichelförmig gebogen, Blattrand gewellt. Blütenstand dicht und reichblütig, meist einseitswendig. Blütenhülle glockig. Lippe zweigliedrig, spornlos. Epichil herzförmig, Spitze zurückgebogen

Blütenfarbe: Gelblichgrün, Lippe rosa

Besonderheiten: Epichil mit kleinen Höckerchen und Mittelleiste, Verbindung zum Hypochil weit, Grube rötlich, braun. Klebdrüse des Rostellums fehlt, Selbstbestäubung!

Blütezeit: Juni, Juli

Variabilität: Gering, meist nur hinsichtlich Größe

Biotopansprüche: Lichte Laubwälder, lichte Kiefernwälder, auf basen- und kalkreichen Böden über Zechstein und Muschelkalk. Waldränder, selten in Magerrasen. Licht- und wärmeliebend

Vorkommen im Gebiet: Zerstreut, in den letzten Jahren zunehmend

Gefährdung: Aktuell ungefährdet, dennoch auf Dauer gefährdet durch Ausdunkelung

Als selbstbestäubende Art innerhalb der insgesamt schwierigen Gattung ist Muellers Stendelwurz eigentlich recht gut zu erkennen. Sie hat ein kurzes Rhizom mit zahlreichen Wurzeln, dem vorwiegend einzelne, auch mehrere Pflanzen entsprießen, sterile Triebe treten selten auf. Der grüne Stängel, am Grunde selten rötlich überlaufen, ist nach oben zu filzig behaart. Er neigt sich meist schräg dem Licht zu, ist häufig gebogen, nur selten straff und steif.

Auf die zwei bis drei Schuppenblätter am Stängelgrund folgen nach oben dunkelgraugrüne bis gelblichgraugrüne Laubblätter. Sie sind lang zugespitzt, meist rinnig gefaltet, am Rande gewellt und sichelförmig nach außen und unten gebogen. Nach oben zu werden die Laubblätter tragblattähnlich. Die Tragblätter selbst sind lineallanzettlich, die unteren wesentlich länger als die Blüten.

E. muelleri blüht von Ende Juni bis in den Juli hinein. Der Blütenstand ist dicht- bis lockerblütig, die blassgrünlichen Blüten nicken. Die Perigonblätter neigen sich meist glockig zusammen, selten sind sie weit geöffnet. Die seitlichen Sepalen sind an der Spitze kapuzenförmig, die etwas kleineren, stumpfen Petalen sind eiförmig-lanzettlich und ebenso wie die Sepalen weißlich-grün gefärbt. Die Lippe kann bis 8 mm lang sein. Das Hypochil ist breit schüsselförmig, innen hellpurpurrot (grünlichrot, selten grün), nektarführend, mit weitem, flachem Übergang zum herzförmigen Epichil. Das Epichil ist meist rötlich überlaufen und an der Basis mit schwach entwickelten, grünlichen Schwielen versehen.

Sumpf-Stendelwurz   Orchidee des Jahres 1998

Epipactis palustris

(Epipactis = alt-griech. Pflanzen name; lat. paluster = sumpfig, im Sumpf lebend)

RLT 2, RLD 3

Merkmale: 20-60 cm hoch, Stängel oben behaart. Blätter nur in der unteren kahlen Stängelhälfte, lanzettlich, zugespitzt, etwas rinnig, auffällig geadert, graugrün. Blütenstand locker, fast einseitswendig. Blüten bis 2 cm groß, hängend; Fruchtknoten lang, keulig, gebogen; Blütenhülle weit offen. Lippe zweigliedrig, spornlos

Blütenfarbe: Weißlich-rosa, Petalen und Lippe weiß, Hypochil rötlich geadert, Epichil schneeweiß mit zwei gelben Wülsten

Besonderheiten: Schönste Art der Gattung, an tropische Formen erinnernd

Blütezeit: Juni, Juli

Variabilität: Selten sehr hellblütige Formen

Biotopansprüche: Quellmoore, auf meist ganzjährig feuchten bis nassen Kalkböden

Vorkommen im Gebiet: Ehemals mehr als 30 Fundstellen, aktuell nur noch sehr selten

Gefährdung: Austrocknung, Biotopzerstörung durch Wasserentzug, Gehölzaufwuchs

Die Sumpf-Stendelwurz besiedelt Sumpfwiesen und feuchte Senken, Binsenwiesen und Pfeifengrasbestände, Quellfluren und Flachmoore. Auch in wechselfeuchten Halbtrockenrasen vermag sie sich zu entwickeln. In lückigen Pioniergehölzen kann sie sich halten, aber in geschlossenen Gebüschen oder Wäldern fehlt sie. Eine Bevorzugung basen- und kalkreicher Böden ist nicht zu übersehen, auch wenn es beispielsweise in Bachtälern des Harzes einzelne Fundorte in Silikatgebieten gibt.

Schon in dieser abweichenden Biotopbindung unterscheidet sich diese Art von den anderen der Gattung. Darüber hinaus ist die Gestaltung der Lippe ein entscheidendes Merkmal. Vorderglied und Hinterglied sind durch einen tiefen Einschnitt so voneinander getrennt, dass das Epichil beweglich wird. Es ist breit, flach und rundlich gestaltet, am Rande wellig gekerbt und weiß gefärbt, wobei gelbe Lamellen noch weitere Kontraste bieten. Das weiße Hypochil – rot geadert und am Grund punktiert – aber ist länger als breit, beiderseits geöhrt und rinnig vertieft. Die mehrnervigen Sepalen sind außen rötlich bis grünlich, innen bräunlich. Die etwas kürzeren, 5-nervigen Petalen zeigen eine weiße Färbung mit rotem Grund. Anfangs neigen diese Perigonblätter glockig zusammen, später stehen sie deutlich ab, fast wie ein spreizendes Dreieck aussehend. Bei der Größe der Perigonblätter und der Lippe vermittelt die Blüte beinahe fremdländische Eindrücke!

Viele frühere Vorkommen – bei Jena zählte Bogenhard vor 150 Jahren acht Fundorte auf – sind wieder verschwunden. Heute zählt die Sumpf-Stendelwurz zu den Seltenheiten.

Violette Stendelwurz

Epipactis purpurata

(Epipactis = altgriech. Pflanzenname; lat. purpureus = purpurrot)

RLT V, RLD -

Merkmale: 20-80 cm, Stängel kräftig, oben graufilzig. Blätter klein, schmal eiförmig bis lanzettlich, dunkelgraugrün. Blütenstand dicht, reichblütig. Blütenhülle weit offen. Lippe zweigliedrig, spornlos. Epichil herzförmig, an der Basis zwei Höckerchen, vorn zurückgeschlagen

Blütenfarbe: Grünlich, violett überlaufen. Lippe rosa

Besonderheiten: Spätblühend, ganze Pflanze violett überlaufen. Oft mehrere blühende Stängel, keine nichtblühenden. Bestäubung durch Wespen

Blütezeit: August, September

Variabilität: Durch Farbstoffverlust unterschiedliche Färbung, rein grüne Formen (f. *chlorophylla*) sehr selten, völlig rosa farbene Pflanzen (f. *rosea*) bisher nicht im Gebiet

Biotopansprüche: Schattige Buchen- und Laubmischwälder, meist auf tonigen bis schluffig-lehmigen Böden (Oberer Muschelkalk, Löss!)

Vorkommen im Gebiet: Sehr zerstreut, oft übersehen, infolge Trockenheit oft aussetzend

Gefährdung: Aktuell ungefährdet, dennoch beachten: Gefahr durch zu starke Auflichtung

Wie alle anderen *Epipactis*-Arten ist auch die Violette Stendelwurz ein Rhizomgeophyt. Am kurzen Rhizom entwickeln sich lange und tiefreichende Wurzeln. Die Violette Stendelwurz scheint in besonderer Weise an ihre Mykorrhiza-Pilze gebunden zu sein. Im Verhältnis zur Größe und Reichblütigkeit der Pflanze wirken die Blätter recht klein. Auch die Überdeckung des Blattgrüns durch dunkellila Farbstoffe und der Mangel an nichtblühenden Erneuerungstrieben sprechen für eine hochgradige Mykotrophie.

Die Violette Stendelwurz gehört zu den spätblühenden Arten: erst im August, manchmal gar im September treiben die Pflanzen aus, und es öffnen sich die Blüten. Der zunächst nickende, dichte Blütenstand wird bis zu 30 cm lang und macht den Stängel kopflastig. An der Traubenachse stehen rundum zahlreiche Blüten in der Achsel langer, gleichfalls violett überlaufener oder violett gefärbter Tragblätter. Der Frucht- bzw. Samenansatz ist meist hoch; bei ungünstigem Witterungsverlauf kann die Pflanze u. U. auch über Jahre mit der Blüte aussetzen.

Ein geschlossenes Verbreitungsgebiet erstreckt sich von Südengland über Nord- und Ostfrankreich, Teile der Schweiz und Österreich bis nach Süd- und Mitteldeutschland. In mehreren Vorposten erscheint *E. purpurata* in Nordwestpolen, Norddeutschland und Dänemark, in Tschechien und der Slowakei, Norditalien, Ungarn und Rumänien mit einer Höhenverbreitung zwischen Küste und etwa 1000 m NN. Nirgends ist die Art häufig. In Sachsen-Anhalt wird mit etwa 50 Fundorten am Harzrand, bei Dessau sowie an der unteren Unstrut eine nordöstliche Verbreitungsgrenze markiert. In den südlich davon gelegenen Muschelkalkgebieten Thüringens wird ein Verbreitungsschwerpunkt erkennbar.

Kriechendes Netzblatt

Goodyera repens

(Goodyera = John GOODYER 1592-1664; lat. repens = kriechend)

RLT 2, RLD -

Merkmale: Pflanze zierlich, nur 5-30 cm hoch, Blätter rosettig, ei- bis herzförmig mit netzartiger Nervatur, am Stängel nur kleine Schuppenblätter. Blütenstand schlank, einseitswendig. Blüten klein, 4-6 mm. Perianth glockig, Sepalen drüsenhaarig. Lippe mit dreieckiger Spitze, am Grunde kugelförmig

Blütenfarbe: Weiß bis cremefarben

Besonderheiten: Oberflächennahes Rhizom, ausläuferbildend, daher oft truppweise wachsend, meist zahlreiche nicht blühende Rosetten, wintergrün. Stängel oben und Blüten drüsig behaart

Blütezeit: Juli, August

Variabilität: Manchmal Netzadrigkeit: durch weißliche Nervatur besonders auffällig

Biotopansprüche: Schattige bis halbschattige Kiefernforste mit dichter Moosschicht

Vorkommen im Gebiet: Selten, kaum mehr als 10 Fundorte

Gefährdung: Ausdunkelung, Nährstoffanreicherung und Konkurrenzdruck

Das Kriechende Netzblatt ist eine von ca. 80 Arten der Gattung *Goodyera* aus der Unterfamilie der Spiranthoideae (Drehwurz-Verwandtschaft), die ihren Verbreitungsschwerpunkt im tropischen Asien besitzt. Einige Arten erreichen aber die nördlich gemäßigten Zonen Amerikas und Eurasiens und dringen dabei bis in boreale Bereiche vor. Bemerkenswert ist, dass Wuchshöhen bis 1 m erreicht werden!

Bei uns siedelt nur das zierliche Kriechende Netzblatt, auch Kriechstendel oder Mooswurz genannt. Auffällig sind aber auch bei ihr die attraktiv gezeichneten Blätter. Helle, beinah glänzende Adern durchziehen die Oberfläche, und schaut man genau hin, erkennt man auch die Netznervatur. Dieses Merkmal ist unter den monokotylen Pflanzen, bei denen parallelnervige Blätter dominieren, nur ausnahmsweise anzutreffen.

Die wintergrüne Scheinrosette schiebt sich aus langen, meist vielfach verästelten und gegliederten Rhizomen, die teils oberirdisch, teils in der Nadelstreu verdeckt wachsen. Die leicht gekrümmt aufsteigende Achse trägt wenige Schuppenblätter. Die Pflanzen blühen bei uns von Juli bis August. Spross- und Blütenstandsachsen sowie Einzelblüten nebst unterständigem Fruchtknoten sind fein, aber dicht behaart. Die ährige, 5-15-blütige Infloreszenz ist nur ganz wenig gedreht, so dass die leicht nickenden, glockenförmig wirkenden kleinen Blüten scheinbar einseitswendig angeordnet sind.

Noch im gleichen Jahr sterben die blühenden Sprosse ab, die Pflanzen überwintern aber mit den nicht zur Blüte gelangten Seitensprossen. Ist das Rhizom stark verzweigt und bildet mehrfach Seitensprosse, können sich durchaus größere Pulke an einer Stelle bilden, so dass dann vielleicht zahlreiche Blütenstände auf kleiner Fläche zu finden sind.

Große Händelwurz

Gymnadenia conopsea

(griech. gymnos = nackt; aden = Drüse; griech. konops = Mücke)

RLT V, RLD -

Merkmale: 20-100 cm hoch, schlank. Blätter schmal, linealisch bis lanzettlich, am Stängelgrund gehäuft. Blütenstand lang, zylindrisch, meist dicht- und reichblütig. Blüten 8-12 mm lang, Sporn lang und dünn, sichelförmig gebogen. Lippe breit, dreilappig, Lappen eirund, stumpf

Blütenfarbe: Hell- bis dunkelrosa, fleischrot

Besonderheiten: Tagfalterblume. Langspornig, manchmal wohlriechend, dennoch keine Wohlriechende Händelwurz (*G. odoratissima*)! Pollinien von keinem Beutelchen bedeckt, frei beiderseits des Rostellums

Blütezeit: Juni, Juli

Variabilität: Selten mit weißen Blüten (f. *leucantha*, f. *flavida*) oder weißer Lippe (f. *bicolor*). Man beachte: Dichtblütige Händelwurz (*G. c.* var. *densiflora*)

Biotopansprüche: Vorwiegend in Magerrasen auf Kalk und Röt, auch in lichten Laubmischwäldern, Gebüschen und Kieferforsten

Vorkommen im Gebiet: Im Kalkgebiet sehr häufig

Gefährdung: Aktuell ungefährdet; stark gefährdet ist die Dichtblütige Händelwurz durch Trockenlegung

Erstmals wurde die Große oder auch Mücken-Händelwurz wohl 1542 im Kräuterbuch von L. Fuchs genannt und abgebildet.

Eine Konzentration von Fundorten gibt es in mehreren Teilen Thüringens. Stellenweise ist sie in gemähten Trespen-Halbtrockenrasen, beweideten Enzian-Schillergrasrasen und Wacholder-Heiden sowie in den Blaugras-Trockenrasen noch ausgesprochen häufig. Sie dringt auch in staudenreiche Säume, lichte Gebüsche, Laubholzbestände sowie Kiefernforste, selbst in aufgelassene Steinbrüche ein. Für den Eisenacher Raum oder das Mittlere Saaletal zwischen Saalfeld-Rudolstadt wird sie als die häufigste Orchideenart bezeichnet. In Ostthüringen war sie jedoch früher wesentlich häufiger. Bergwiesen- und Feuchtwiesenvorkommen sind selten geworden.

In ihrem Habitus, hinsichtlich Größe, Blattbreite und insbesondere in der Blütengestaltung variiert die Händelwurz beachtlich. Die Pflanzen der bis 1 m hohen, dichtblütigen Varietät mit längerem Blütenstand und mit bis zu 120 duftenden Blüten siedeln vorzugsweise in Feuchtwiesen und Kalkflachmooren, aber auch in Halbtrockenrasen schattseitiger Lagen. Sie blühen etwas später als die Nominatsippe.

weißblütig:
leucantha

dichtblütig:
densiflora

Bocks-Riemenzunge Orchidee des Jahres 1999

Himantoglossum hircinum

(lat. himas, himanto = Riemen; glossa = Zunge; lat. hircinus = nach Ziegenbock riechend)

RLT 3, RLD 3

Merkmale: 20-100 cm hoch, bis 14 Grund- und Stängelblätter. Blütenstand meist kräftig, dicht- und vielblütig, Duft nach Ziegenbock. Perigonblätter helmförmig, Lippe am Grunde mit purpurnen Papillen, bis 5 cm langem, vorn gespaltenem Mittellappen (schraubig gedreht) sowie kurzen, wellig-krausen Seitenlappen, Sporn kurz

Blütenfarbe: Grünlich, Perigon dunkler geadert, Lippe trüb-oliv bis bräunlich

Besonderheiten: Treibt bereits Anfang September, überwintert mit grünen Blättern. Hoher Anteil von jungen und nichtblühenden Pflanzen. Grundblattspitzen häufig durch Spätfrost und/oder Trockenheit braun und trocken

Blütezeit: Mai, Juni

Variabilität: Vor allem in Lippengestaltung und -färbung, bleichgrün (f. *albidum*), olivgrün (f. *viridans*)

Biotopansprüche: Magerrasen auf Röt und Kalk, vital auch in Gebüschen. Benötigt sogar Gehölzschutz in Brachestadien

Vorkommen im Gebiet: Ehemals an mehreren Stellen, über viele Jahrzehnte aber nur an drei Lokalitäten verblieben. Inzwischen überall Zunahme der Individuenzahlen und Neufunde

Gefährdung: Zu späte Mahd (Kurzrasigkeit!), anhaltender Bodenfrost, Spätfrost

Zu den Besonderheiten der Orchideenflora von Jena und ganz Thüringen zählt die Bocks-Riemenzunge, auch Hammelschwanz, Bocksgeil, Dreizackstendel oder Teufelskraut genannt.

Sie gehört zu den Winterblattbildnern. Der jährliche Austrieb aus den länglich-kugeligen Knollen beginnt Ende August bis Mitte September. Die blaugrünlichen Winterblätter überdauern den Winter und sind im zeitigen Frühjahr gut erkennbar. Bereits im März ist der Knospenstand in kräftigen Rosetten durchaus „fühlbar". Der Stängel wächst dann auf, kann bis 100 cm hoch werden und trägt mehrere, nach oben kleiner werdende Stängelblätter, so dass kräftige Pflanzen bis zu 14 Blätter besitzen. Anfang Mai bis Anfang Juni öffnen sich im meist dichtblütigen Blütenstand bis zu 120 Blüten. Auffällig wird vor allem die sich uhrfederartig aufrollende Lippe durch den schraubig gedrehten, riemenartigen Mittellappen. Verwiesen wird immer wieder auf einen unangenehmen, süßlichen Duft der Blüten nach Ziegenbock. Nach der Bestäubung (Bienen, Fliegen!) und Befruchtung werden im Juli die Kapseln reif, sie platzen auf und entlassen die staubfeinen Samen. Die Stängel bleiben oft noch bis Ende Oktober, manchmal gar bis ins nächste Jahr stehen. Im Juli und über den Sommer hinweg sind ansonsten Riemenzungen nicht erkennbar. Mit dem Neuaustrieb beginnt der neue Zyklus.

Das Areal der Bocks-Riemenzunge erstreckt sich über West-, Mittel- und Südeuropa. Vorkommen im südlichen England, in Spanien, Nordafrika, Italien, Frankreich sowie in verschiedenen Teilen Deutschlands sind belegt. Doch die Populationsverteilung in diesem Areal unterlag immer Wandlungen. In Thüringen erreicht die Art derzeit die Nordostgrenze ihrer Verbreitung.

Listera ovata

(Listera – nach
Martin LISTER
1638-1712;
lat. ovatus =
eiförmig)

RLT -, RLD -

Merkmale: 15-70 (75) cm. Nur zwei große, eiförmige, fast gegenständige, deutlich nervige Blätter. Stängel oben drüsig behaart. Blütenstand bis 40 cm lang, schmal, meist vielblütig. Perigon helmförmig, Lippe zungenförmig, zweispaltig, spornlos

Blütenfarbe: Gelbgrün bis grün

Besonderheiten: Ganze Pflanze grün, oft unauffällig

Blütezeit: Mai bis Juli

Variabilität: Selten mit einem dritten und vierten kleineren Stängelblatt

Biotopansprüche: Optimal in Wäldern und Gebüschen der Täler und Gründe, aber auch in anderen Laubmischwäldern, Kiefernforsten sowie Feuchtwiesen und Magerrasen

Vorkommen im Gebiet: verbreitet, häufigste Orchidee im Gebiet

Gefährdung: Aktuell ungefährdet

Die Gattung *Listera* umfasst etwa 30 eurasisch verbreitete Arten. Heimisch sind nur Großes *(Listera ovata)* und Kleines Zweiblatt *(L. cordata)*. Bemerkenswert ist die Verwandtschaft zur chlorophylllosen Nestwurz *(Neottia)*.

Die Art verfügt über eine breite ökologische Amplitude. Man findet Zweiblatt vor allem auf Kalkböden, aber auch im Sand- und Urgesteinsbereich. Vorkommen in Mooren, Quellgebieten und Feuchtwiesen sind ebenso typisch wie solche in Halbtrockenrasen, Gebüschen und Wäldern. Großes Zweiblatt siedelt im Küstenbereich, in den Flach- und Hügelländern, aber auch im Bergland. In den Alpen kommt es noch über 2400 m NN vor. Selbst an Sekundärstandorten (Kies-, Tongruben, Parkanlagen) vermag es sich anzusiedeln.

Am Beispiel des Zweiblattes lohnt ein Blick in die Geschichte der Botanik und Floristik. Im „New Kreüterbuch" von LEONHART FUCHS (um 1540) wird das „Tweyblatt (Ophris bifolia)" schon abgebildet. THAL (1588) kannte die „Sorte mit annähernd runden Blättern". RUPP (1718) gab es in seiner „Flora Jenensis" für das „Rauhenthale" und für „Cospida" an. Auch Max SCHULZE (1889) nannte die Pflanze als an vielen Stellen in reichlicher Menge vorkommend. Nach den aktuellen Erhebungen und Einschätzungen stimmt diese Wertung als eine der häufigsten Orchideen unseres Gebietes auch derzeit noch. Trotzdem sind durch Biotopveränderungen, übermäßige Nährstoffeinträge, Überweidung und ähnliche anthropogene Einflüsse etliche Vorkommen verschwunden. Insofern gebührt auch dem derzeit noch häufigen Großen Zweiblatt Beachtung. Das war ein Grund für die Arbeitskreise Heimische Orchideen, diese Art zur „Orchidee des Jahres" 1992 zu küren.

Neottia nidus-avis

(griech. neottia = Vogelnest; lat. nidus-avis = vogelnestartig)

RLT -, RLD -

Merkmale: 10-20 (35) cm hoch. Rhizom vogelnestartig. Ohne grüne Laubblätter, nur an der Stängelbasis scheidige Schuppenblätter. Blütenstand walzig, dicht, reichblütig, am Grunde lockerblütig. Perianth helmförmig bis offen, Lippe am Grunde kahnförmig, zweispaltig mit auswärts spreizenden Spaltstücken, spornlos

Blütenfarbe: Umbrafarben bis gelbbraun

Besonderheiten: Ganze Pflanze braun, Schmarotzer. Oft in kleineren oder größeren Trupps, meist vorjährige Fruchtstände erkennbar. Achtung: Nicht mit Fichtenspargel oder Sommerwurz verwechseln!

Blütezeit: Mai, Juni

Variabilität: Hellgelbe bis milchweiße Exemplare (f. *pallida*) sind bisher aus dem Gebiet nicht bekannt. An einer Stelle kleinwüchsige, wenigblütige, frühblühende Pflanzen mit kahnförmiger ungeteilter Lippe

Biotopansprüche: Schattige Laubwälder, Nadelholzforste, Waldränder

Vorkommen im Gebiet: Häufig, fehlt nur in der Saaleaue

Gefährdung: Aktuell ungefährdet. Zu beachten sind aber biotopvernichtende Maßnahmen (Kahlschlag)

Die Gattung *Neottia* – verwandt mit *Listera, Epipactis* und *Cephalanthera* – umfasst 10 ostasiatisch verbreitete Arten, nur unsere Nestwurz besiedelt Europa.

Als Parasit assimiliert sie nicht und bildet kein Chlorophyll (nur sehr selten kann man winzige grüne Stellen an den Stängeln erkennen). Der bräunliche Farbstoff ist allerdings in chemischer Hinsicht dem Chlorophyll ähnlich. In den Wurzeln findet man als Hinweis auf die endotrophe Mykorrhiza bei mikroskopischer Betrachtung Pilzfäden und später unterschiedlich gestaltete „Pilzwirtszellen" sowie „Verdauungszellen", in denen die Hyphen absterben und Eiweiß gespeichert wird. Die Orchidee schmarotzt auf dem Pilz!

Die jährliche Entwicklung einer Pflanze beginnt aus dem unterirdischen Rhizom, das kurz, kräftig, horizontal kriechend ist, sich aber auch verzweigen kann. Es ist dicht mit unverzweigten, fleischigen, nestartig verflochtenen Wurzeln (Name!) besetzt. Wurzelhaare sind nicht ausgebildet.

An den strahlig abstehenden Spitzen derartiger Rhizomtriebe können sich bei ausreichender Ernährung Adventivknospen bilden. Aus diesen treiben dann neue, somit vegetativ entstandene Stängel. Manchmal breiten sich so über die Jahre Pflanzen beinah ringförmig aus.

Die ersten blassgelben bis gelblichbraunen Triebspitzen erscheinen Anfang Mai über der Bodenoberfläche. Der etwas hohle, gerillte und oben drüsig behaarte Stängel streckt sich, so dass blühende Pflanzen Höhen bis über 30 cm Höhe erreichen können. Nur vier bis fünf schuppenartige Blätter stehen am Stängel. Der zylindrisch-walzenförmige, dicke Blütenstand ist reichblütig, im unteren Teil stehen die Blüten locker, im oberen Teil dicht gedrängt.

Bienen-Ragwurz  Orchidee des Jahres 1995

Ophrys apifera

(griech. ophrys = Augenbraue; lat. apis = Biene; fero = tragen)

RLT V, RLD 2

Merkmale: 15-40 (70) cm hoch. Blätter rosettig, Stängelblätter scheidig. Blütenstand locker, bis 14 große Blüten. Sepalen ausgebreitet bis zurückgeschlagen, Petalen hörnchenförmig, Lippe rundlich bis verkehrt-eiförmig, konvex, stark behaarte gehöckerte Seitenlappen, großer samtig behaarter Mittellappen, Lippenanhängsel zurückgebogen, nur anfangs nach vorn gerichtet

Blütenfarbe: Sepalen weißrosa, cyclamenfarbig; Mittellappen der Lippe purpurbraun mit gelbbunter Zeichnung

Besonderheiten: Pflanzen treiben bereits im Herbst. Überwiegend Selbstbestäubung. Meist reicher Fruchtansatz. Blühanteil jahresweise sehr unterschiedlich

Blütezeit: Mai, Juni

Variabilität: Selten mit breiten, verlängerten und rosafarbenen Petalen (var. *friburgensis*); sehr variabel in der Lippenzeichnung; Pflanzen auch als var. *botteronii* oder var. *jurana* bezeichnet, Merkmale bzw. Abgrenzungen jedoch nicht eindeutig. Sehr selten Farbabweichungen, z. B. Blüte völlig gelb

Biotopansprüche: Trockene Wiesen, Magerrasen auf Kalk und Röt, Gebüsche, lichte Kiefernforste

Vorkommen im Gebiet: Ehemals selten, neuerdings wohl in Ausbreitung, auch an Sekundärstandorten

Gefährdung: Aktuell ungefährdet

Die Gattung Ragwurz (auch Insektenorchis, Kerfstendel, Frauenträne) ist vor allem im Mittelmeergebiet mit über 120 Arten und Unterarten sowie vielen Hybriden verbreitet. Die Arealbilder sind recht unterschiedlich, weit verbreiteten Sippen stehen ost- oder westmediterrane oder solche mit kleinem Verbreitungsgebiet gegenüber. Einzelne erreichen Großbritannien und Skandinavien oder die Kaukasusländer. In Thüringen sind nur 4 Arten heimisch: Biene, Fliege, Spinne und Kleine Spinne.

Im Blütenaufbau sind sich alle Arten ähnlich, doch hinsichtlich der Größe und Färbung der Perigonblätter und vor allem der Gestalt, Farbe und Zeichnung der Lippe ergibt sich eine frappierende Unterschiedlichkeit.

Die Ragwurz-Arten sind Täuschblumen. Die nektarlosen Blüten wirken als optisches Signal. Durch Duftstoffe, die in gleicher Weise von den Weibchen der Bestäuberinsekten produziert werden, erfolgt eine Anlockung der Männchen. Sie werden erregt und führen so Scheinkopulationen aus. Die Namen Bremse, Fliege, Hummel, Spinne oder Wespe deuten auf diese spezifischen Blüte-Insekt-Beziehungen.

Bei der Bienen-Ragwurz (kurz „Biene") treiben bereits im Herbst aus der im Sommer ausgebildeten neuen Knolle (die alte wurde aufgebraucht!) die grün überwinternden Blätter. Im nächsten Frühjahr entwickeln sich die Laubblätter weiter, und aus der Rosette wächst ein gelblich-grüner, runder Stängel empor.

Der lockere Blütenstand trägt in der Achsel langer Tragblätter die Blüten, die durch die recht großen, rosafarbenen Sepalen und die rundlich-eiförmige, konvex gewölbte, braune und mit gelben Flecken und Mustern gezeichnete Lippe auffallen. Die beiden seitlichen Petalen bleiben kurz und schmal, nur bei der seltenen Varietät *friburgensis* sind sie den Sepalen fast gleich.

li: *Ophrys apifera*
re: Var. *friburgensis*

Fliegen-Ragwurz Orchidee des Jahres 2003

*Ophrys
insectifera*

(griech. ophrys =
Augenbraue; lat.
insectifer = insek-
tentragend)

RLT -, RLD -

Merkmale: 15-80 cm hoch, Blätter an der Stängelbasis gehäuft, etwas blaugrün, Stängelblätter scheidig. Blütenstand locker, bis 16 Blüten. Sepalen ausgebreitet, Petalen fadenförmig, rotbraun. Lippe samtig, flach, länger als breit, dreilappig mit geteiltem Mittellappen und bläulichgrauer, fast viereckiger Malzeichnung

Blütenfarbe: Sepalen hellgrün, Petalen und Lippe rot- bis schwarzbraun

Besonderheiten: Überwintert als Rosette, treibt aber später als die Biene. Sexualtäuschblume

Blütezeit: April, Mai, Juni

Variabilität: Selten mit kreisrunder Lippe (f. *bombifera*), Mittellappen manchmal mit gelbem Rand. Sehr selten Farbweichungen, z. B. Blüte völlig gelb oder auch grün (f. *ochroleuca*)

Biotopansprüche: Magerrasen auf Kalk und Röt, Gebüsche, lichte Kiefernforste und lichte Laubwälder

Vorkommen im Gebiet: Im Kalkgebiet häufig und oft mit hohen Individuenzahlen

Gefährdung: Aktuell ungefährdet, dennoch beachten: Intensivweide, Düngung, Ausdunkelung

Im thüringischen Hügelland ist die Fliegen-Ragwurz nicht allzu selten, stellenweise sogar häufig. Oft findet man in den Magerrasen, in Gebüschen oder in lichten Kiefernbeständen zahlreiche, teilweise kräftige Pflanzen. Man meint, diese submediterran-subatlantisch bis zentraleuropäisch verbreitete Art sei ausgesprochen wärme- und trockenheitsliebend, doch im Gesamtverbreitungsgebiet zeigen sich Differenzierungen.

Ein Teilareal erstreckt sich über West-, Mittel- und Südeuropa, ein anderes über Öland, Gotland, Schweden, Finnland und Russland. Funde in der Ebene sind ebenso möglich in Höhen von 2000 m NN.

Trockenbiotope werden bevorzugt, doch siedelt die Art auch in Wäldern, auf Flussschotter und in Flachmooren sowie an Sekundärstandorten (Steinbrüche, Straßenränder), was für eine weite ökologische Amplitude spricht.

Die Fliegen-Ragwurz wird an günstigen Standorten bis 80 cm hoch. Der Stängel ist gelblich-grün und trägt 1-3 Laubblätter, am Grunde stehen 3-5 bläulichgrüne, länglich-lanzettliche Blätter. Der verlängerte Blütenstand enthält in der Achsel von Tragblättern bis 20 Einzelblüten. Die Sepalen sind länglich-eiförmig und hellgrün, wobei das mittlere aufgerichtet bis vornüber geneigt oder kappenartig gebogen erscheint. Die beiden aufrecht abstehenden, rotbraunen Petalen sehen aus wie die Fühler eines Insekts. Die dreilappige, rotbraune Lippe wird insbesondere durch einen annähernd rechteckigen, bläulichgrauen Fleck geziert. Schmale, abwärts gerichtete Seitenlappen und der länglich-eiförmige Mittellappen verstärken den insektenähnlichen Eindruck, der bereits Linné auffiel.

Spinnen-Ragwurz

Ophrys sphegodes

(griech. ophrys = Augenbraue; griech. sphekos = Wespe, Hornisse, wespenähnlich)

RLT V, RLD 2

Merkmale: 10-40 cm hoch. Blätter an der Stängelbasis gehäuft. Blütenstand locker, 2-12 Blüten. Sepalen ausgebreitet, Petalen schmal. Lippe rundlich bis verkehrt-eiförmig, konvex, samtig behaart, ohne Anhängsel

Blütenfarbe: Sepalen grünlich; Petalen grünlich, violett bis bräunlich; Lippe braun mit bläulichgrauem, H-förmigem Mal

Besonderheiten: Winterblattbildend. Sexualtäuschblume

Blütezeit: April bis Mai

Variabilität: Verschieden in Lippenform und Zeichnung. Lippe selten mit gelbem Rand; gänzlich gelbgrün gefärbte Pflanzen (f. *flavescens*) selten.
Auffällig ist die Hybride *(O. xhybrida)* mit der Fliegen-Ragwurz (vgl. S. 91)

Biotopansprüche: Magerrasen auf Kalk, oft im Gesteinsschutt. Lichte Gebüsche

Vorkommen im Gebiet: Selten, meist individuenarme Bestände. Neuerdings wohl in Ausbreitung, Neufunde!

Gefährdung: Auflassung, Verbuschung, Ausdunkelung, Intensivweide

Die blaugrünen – oft schon im Herbst erscheinenden – Laubblätter der Spinnen-Ragwurz sind länglich, in der Mitte am breitesten, am Ende zugespitzt. Scheidige Stängelblätter stehen unter der lockeren Blütenähre. Die gelblichgrünen, breiten, allmählich zugespitzten Sepalen sind länger als die beiden zungenförmigen, randlich gewellten, hellgrün bis rötlich gefärbten Petalen. Die rundliche, oft gewölbte Lippe ist mit kurzen Papillen dicht besetzt und erscheint dadurch samtig und von brauner Färbung. Vorn ist sie stumpf, zuweilen ein wenig ausgerandet, ein Anhängsel fehlt. Am Grunde fallen kleine Höcker kaum auf. Kennzeichnend ist ein kahles, bläuliches, H-förmiges Mal. Hinsichtlich der Lippengestaltung und -färbung ist aber die „Spinne" sehr variabel.

Im Mittleren Saaletal ist die Art seit langem bekannt. In der ältesten Jenaer Flora (RUPP 1718, HALLER 1745) findet man bereits die Angabe „auf dem Kunitzer Berge, auch in verstöhrten Wein-Bergen nach Tautenburg zu." BOGENHARD (1850) kannte sie von „sonnigen Bergtriften" an mehreren Orten. Er schrieb aber: „Der Vandalismus der Wurzelgräber, welche die Knollen als Salep sammeln, rottet diese herrliche Spec. mehr und mehr aus." An einigen Fundorten ist sie verschwunden, an anderen sind die Bestandsstärken durch zu starken Gehölzaufwuchs zurückgegangen. Doch erfreulicherweise gibt es noch gut besetzte Vorkommen (am Jenzig sogar einen Wiederfund nach fast 200 Jahren) sowie auch einige Neufunde.

Stattliches Knabenkraut

Orchidee des Jahres 2009

Orchis mascula

(griech. orchis = Hoden; lat. masculus = männlich)

RLT 3, RLD -

Merkmale: 10-80 cm hoch. Blätter rosettig gehäuft, lanzettlich, purpurn gestrichelt oder gepunktet, selten ungefleckt. Stängelblätter scheidig. Blütenstand lang und dicht. Sepalen aufgerichtet bis zurückgeschlagen, Lippe länger als breit, gefaltet, tief dreilappig mit vorgezogenem Mittellappen, Sporn aufsteigend, zylindrisch oder keulig

Blütenfarbe: Hellpurpurn bis purpurviolett, Lippengrund heller, mit Papillen

Besonderheiten: Stängel oben rötlich überlaufen. Blüten nach Holunder duftend oder duftlos. Blätter (meist) fein gefleckt

Blütezeit: Mai

Variabilität: Variabel in der Blattfleckung; verschieden in der Blütenfarbe, selten rosa (f. *rosea*), fleischfarben (f. *incarnata*) oder weiß (f. *alba*). Sehr selten Hybriden mit *O. pallens* (*O. xhaussknechtii*; vgl. S. 91)

Biotopansprüche: Lichte Laubwälder, im Ilm-Saale-Gebiet kaum auf Magerrasen

Vorkommen im Gebiet: Sehr selten, von ca. 30 Fundorten nur noch etwa 5 besetzt

Gefährdung: Ausdunkelung im Altholz

Während bei den meisten heimischen *Orchis*-Arten die Perigonblätter einen „Helm" bilden, stehen die seitlichen Sepalen beim Stattlichen Knabenkraut ab oder sind sogar zurückgeschlagen, nur das mittlere Sepalum und die Petalen neigen zusammen.

Die stattlichen, „männlich anmutenden" Pflanzen erreichen eine Höhe bis zu 80 cm. Der hellgrüne, oft rötlich-violett überlaufene oder unten auch mit dunkleren Strichen versehene, oberwärts kantige Stängel trägt 2-3 scheidenartige Stängel- und lanzettliche bis eiförmige, mit dunkelpurpurnen Strichen versehene Grundblätter. Die Blüten-Ähre ist oft recht locker, enthält aber meist zahlreiche Blüten, die in der Achsel häutiger, auch rötlich-violett überlaufener, spitzer Tragblätter stehen, die etwa so lang wie der purpurrote Fruchtknoten sind. Die tief dreilappige (selten ungeteilte) Lippe ist meist heller gefärbt als die übrigen Blütenblätter, eine weißliche oder gelbliche Färbung des Grundes sowie purpurrote Flecken geben zusätzlich Kontraste. Der Duft der Blüten ist meist streng, die Angaben reichen von Holunder bis Katzenurin.

Die Pflanzen (im Volksmund als Kuckucks-Knabenkraut, Roter Kuckuck oder Frauenträne bezeichnet) erblühen schon Anfang Mai. Der Blattaustrieb erfolgt in günstigen Jahren noch zeitiger. Sofern die Lichtverhältnisse günstig sind, ist der Anteil blühender Exemplare hoch. Oft findet man jedoch auch zahlreiche Jungpflanzen.

Bestandsrückgänge sind dort zu verzeichnen, wo die Wälder zu dicht geworden sind. Früher spielten *Mascula*-Knollen bei der Salep-Gewinnung eine Rolle. Neuerdings wird über Wildschäden berichtet.

Orchis militaris

(griech. orchis = Hoden; lat. militaris = kriegerisch, soldatisch)

RLT 2, RLD 3

Merkmale: 15-60 cm hoch, 4-6 breit-ovale grundständige Blätter, 1-3 Stängelblätter. Blütenstand meist dicht und reichblütig. Sepalen und Petalen helmförmig zusammenneigend, zugespitzt, graurosa mit dunkleren Adern. Lippe flach, tief dreilappig, Seitenlappen sehr schmal, Mittellappen vorn spreizend, mit purpurroten Papillen besetzt. Sporn kurz, abwärts gerichtet

Blütenfarbe: Perigon graurosa, Lippe hell- bis dunkelpurpurn

Besonderheiten: Blütenhülle graurosa, auch im Knospenstadium

Blütezeit: Mai, Juni

Variabilität: Variabel in Form und Farbe der Lippe, selten ganze Blüte hellrosa (f. *rosacea*) oder weiß (f. *alba*). Auffällig sind Hybriden mit dem Purpur-Knabenkraut (*O. xhybrida*; vgl. S. 90)

Biotopansprüche: Magerrasen auf Röt und Kalk, lichte Gebüsche, lichte Laubmischwälder und Kiefernforste

Vorkommen im Gebiet: Zerstreut, sehr selten im südlichen Kreisgebiet

Gefährdung: Düngung, Intensivweide, völlige Verbuschung

Das Helm-Knabenkraut überdauert wie die anderen Knabenkräuter die ungünstige Jahreszeit mit einer eiförmig-rundlichen Knolle (Knollen-Geophyt). Mitte März bis Anfang April erfolgt der Austrieb der Blätter. Groß und oval bis breitelliptisch sind die ungefleckten hellgrünen Rosettenblätter. Den Stängel umhüllen zwei bis drei scheidige lanzettliche Blätter. Der zunächst kegelförmige, später zylindrische Blütenstand trägt in der Achsel kleiner, häutiger Tragblätter bis zu 60 schwach nach Kumarin duftende Blüten. Ende Mai bis Anfang Juni stehen die meisten Pflanzen in voller Blüte.

Kennzeichnendes Merkmal ist der spitze „Helm", der von den fast gleichförmig gestalteten Sepalen und Petalen gebildet wird. Diese sind außen blassgrau-rosa gefärbt und innen purpurn geadert. Die weißliche bis cyclamenfarbige Lippe zeigt schmallinealische Seitenlappen, auseinanderspreizende Endlappen und dazwischen ein kleines Zähnchen. Der Mittelteil ist von purpurnen, pinselartigen Papillen besetzt. Im Innern der Blüte erkennt man die Staubbeutelhälften mit Stielchen und Klebkörper. Fremdbestäubung durch Bienen oder Hummeln bewirkt die Befruchtung und damit die Fortpflanzung, sofern die in etwa 6-7 Wochen gereiften Samen nach der Öffnung der Kapsel durch Windverbreitung in einen geeigneten Lebensraum gelangen und dort keimen. Unter günstigen Verhältnissen dauert es dann 3-5 Jahre bis zur ersten Blüte.

Mit dem Abblühen beginnen die Pflanzen zu vergilben, auch die sterilen Rosetten werden bereits Anfang Juli gelb, spätestens Anfang September ist die Pflanze nicht mehr zu sehen. Der Anteil blühender Exemplare am Gesamtbestand einer Population ist meist hoch, eine Pflanze vermag mehr als 15 Jahre hintereinander zu blühen.

Blasses Knabenkraut

Orchis pallens

(griech. orchis = Hoden; lat. pallens = blass)

RLT 2, RLD 3

Merkmale: 15-40 cm hoch. Blätter rosettig gehäuft, elliptisch bis eiförmig, glänzend hellgrün, 1-2 scheidenartige Stängelblätter. Blütenstand kurz, mäßig dicht. Sepalen aufgerichtet und zurückgeschlagen. Lippe breiter als lang, nach hinten umgebogen, dreilappig mit ausgerandetem Mittellappen. Sporn zylindrisch bis keulig, aufsteigend

Blütenfarbe: Perigon hellgelb, grünlich geadert; Lippe etwas dunkler. Blüten (nachts) nach Holunder oder Flieder duftend

Besonderheiten: Blühausfall nach strengen Wintern oder Spätfrösten

Blütezeit: April, Mai (erste Orchidee des Jahres!)

Variabilität: Selten weißblütige (f. *albiflora*) oder sogar rotblütige (f. *rubriflora*). Beachte aber Hybriden mit *Orchis mascula* (vgl. S. 91)

Biotopansprüche: Lichte Laubmischwälder, oft im Eschen-Stangenholz. Sehr selten in Magerrasen

Vorkommen im Gebiet: Früher „in allen Bergwäldern", jetzt sehr zerstreut

Gefährdung: Waldweide, Wild, Spätfröste, Ausdunkelung im Altholz

Findet man im Frühjahrswald oder auf Magerrasen Orchideen mit gelben Blüten, sind Verwechslungsmöglichkeiten kaum gegeben. Innerhalb der Gattung zeigt in der heimischen Flora allein das Blasse oder Bleiche Knabenkraut gelbe Blüten. Auch anderswo überwiegt das Rot in der *Orchis*-Blüte, nur *O. punctulata* (Türkei, Zypern, Libanon), *O. provincialis* (Südfrankreich, Italien, Griechenland, Türkei), *O. pauciflora* (Italien, Griechenland), *O. laeta* (Nordwestafrika) und *O. galilaea* (Israel, Libanon) sind gelbblühend.

Ähnlich ist das Verhältnis bei den *Dactylorhiza*-Arten, zahlreichen rotblühenden stehen wenige gelbblühende (*D. flavescens, D. insularis, D. markusii, D. incarnata* ssp. *ochroleuca*) Kuckucksblumen gegenüber. Nur im Bergland zeigt die Holunder-Kuckucksblume *(D. sambucina)* beide Farben.

Das submediterran-subozeanisch verbreitete Blasse Knabenkraut ist im südöstlichen und mittleren Europa zerstreut zu finden. Das Areal reicht von Nordspanien über Südfrankreich bis Mitteldeutschland und weiter über das südliche Polen, die Slowakei, Griechenland, Rumänien bis zum Kaukasus. Eine Höhengrenze wird bei 2400 m NN erreicht.

In Deutschland ist es aus Nord-Hessen, Baden-Württemberg und Bayern belegt. Sehr zerstreut und stark gefährdet erscheint die Art in Sachsen-Anhalt; am Harzrand wird die nördliche Arealgrenze erreicht. Reiche Vorkommen gibt es vor allem in Thüringen. In allen anderen deutschen Bundesländern fehlt das Blasse Knabenkraut; deshalb trägt der Freistaat eine besondere Verantwortung für die Erhaltung der Art und ihrer Lebensräume.

Purpur-Knabenkraut

Orchis purpurea

(griech. orchis = Hoden; lat. purpureus = purpurfarben)

RLT V, RLD 3

Merkmale: 20-90 cm hoch, 4-8 Blätter grundständig in kräftiger Rosette, 1-2 scheidige Stängelblätter. Blütenstand kräftig, zylindrisch, dicht- und vielblütig. Perigon helmförmig, braunrot, innen mit Flecken und Adern. Lippe flach, tief dreilappig, Mittellappen geteilt, in der Mitte ein Zähnchen, verkehrt herzförmig, mit purpurnen Papillenbüscheln. Seitenlappen schmal. Sporn kurz, abwärts

Blütenfarbe: Perigon – auch in der Knospe – kräftig braunrot bis schwarzpurpurn, Lippe weißrosa bis rosa.

Besonderheiten: Blattspitzen manchmal durch Trockenheit und/oder Spätfrost braun, trocken

Blütezeit: Mai, Juni

Variabilität: Äußerst vielgestaltig in der Lippenform und -färbung, z. B. Mittellappen tief gespalten (f. *bifida*). Selten Blüten völlig weiß. Abweichungen aber in der Hybride mit *O. militaris*!

Biotopansprüche: Lichte Gebüsche, halbschattige Laubwälder, lichte Kiefernforste, Waldränder, Streuobstwiesen, Magerrasen. Bevorzugt Schutz durch Gehölze!

Vorkommen im Gebiet: Zerstreut bis häufig, oft zahlreich

Gefährdung: Zu häufige Mahd, Ausdunkelung im Altholz

Zu den stattlichsten und prächtigsten heimischen Orchideenarten zählt das Purpur-Knabenkraut. Die Pflanzen können bis 90 cm hoch werden. Die 2-6 cm breiten und bis 20 cm langen Laubblätter sind oberseits glänzend, auf der Unterseite etwas blasser, die oberen umfassen den Stängel scheidig. Dieser ist oberwärts oft purpurn überlaufen. Der große ährige Blütenstand ist anfangs kegelförmig zugespitzt, später eiförmig-länglich. Er kann eine Länge bis 26 cm erreichen und in der Achsel kleiner, kurzer, eiförmiger Tragblätter bis zu 90 Einzelblüten enthalten, die insbesondere beim Trocknen nach Kumarin (Waldmeister!) oder bitteren Mandeln riechen.

Die Perigonblätter bilden einen kurzen, spitzen Helm, der außen dunkelpurpurn oder schwarzbraun gefärbt, oft auch gefleckt ist. Innen erscheint er grünlich-weiß. Die breit-eiförmigen Sepalen sind am Grunde verwachsen, die Petalen sind etwas schmaler. Die dunkle Färbung ist vor allem an nicht geöffneten Blütenknospen sichtbar. Die lange, keilförmige Lippe ist dreispaltig und länger als die übrigen Blütenblätter. Schmale linealische Seitenlappen stehen ab, der an der Spitze viel breitere und gebuchtete Mittellappen ist randlich zerschlitzt bis gezähnelt, in der Bucht fällt ein kleines borstenartiges Zähnchen auf.

Orchis purpurea besiedelt offene Halbtrockenrasen, zeigt jedoch eine Bevorzugung gehölzreicherer Partien. Auch in eschenreichen Beständen der Bachauen fehlt sie nicht. Werden die Biotope zu dunkel, bleibt die Blüte aus. Oft findet man dann nur 2-6 Rosettenblätter.

Purpur-Knabenkraut   selten weißblütig

Dreizähniges Knabenkraut

Orchis tridentata

(griech. orchis = Hoden; lat. tri = drei; dens = Zahn)

RLT 2, RLD 3

Merkmale: 10-40 cm, Blätter rosettig gehäuft, schmal lanzettlich, Stängelblätter scheidig. Blütenstand kurz, kugelig bis zylindrisch, dichtblütig. Sepalen spitz, etwas zusammenneigend. Lippe dreiteilig, rötlich punktiert. Sporn kurz

Blütenfarbe: Sepalen rosa, dunkler geadert; Lippe weiß bis rosa, mit roten Punkten und Strichen

Besonderheiten: Winterblattbildner. Spitzen der Sepalen wie Zähne nach oben zeigend (Name!)

Blütezeit: Mai, Juni

Variabilität: Verschieden in der Blütenfärbung, weißlich oder hell- bis dunkelrosa

Biotopansprüche: Magerrasen, lichte Wälder

Vorkommen im Gebiet: Ehemals etwa 20 Fundorte, aktuell selten

Gefährdung: Düngung, Rinderintensivweide, Auflassung

Für die Erhaltung des Dreizähnigen Knabenkrautes tragen einige deutsche Bundesländer besondere Verantwortung. In einem inselartigen Teilareal sind in Mitteleuropa größere Vorkommen nur aus den östlichen Teilen Nordrhein-Westfalens, Süd-Niedersachsen, Nordhessen, Sachsen-Anhalt und Thüringen bekannt. Das geschlossene Verbreitungsgebiet dieser mediterran-submediterranen Art erstreckt sich von Südfrankreich, die südwestliche Schweiz, Österreich, Italien, Jugoslawien bis nach Griechenland. Über die Slowakei, Bulgarien und Rumänien werden Kleinasien, Israel, Libanon und der Kaukasus erreicht.

In Thüringen zeichnen sich Verbreitungsschwerpunkte in den Zechsteingebieten sowie im Muschelkalkgebiet der Mittleren Saale ab. Funde im Keuper- und Buntsandsteingebiet blieben selten. Im südthüringer Raum prägt das Dreizähnige Knabenkraut dank vorbildlicher Biotoppflege das Bild mancher Wacholderheiden. In der Orlasenke – noch um 1930 wurde die Art als Charakterpflanze der Bryozoenriffe bezeichnet – sind zahlreiche Fundstellen vernichtet.

Ebenso ist in West- und Nordthüringen ein Rückgang deutlich. Im zentralen Thüringen um Erfurt und Arnstadt existieren kaum noch Vorkommen. Im Saaletal ist das Dreizähnige Knabenkraut inzwischen eine Rarität. An den wenigen Fundstellen gibt es leider häufig Trittschäden und andere Beeinträchtigungen durch Orchideenfreunde.

selten weißblütig

Brand-Knabenkraut   Orchidee des Jahres 2005

Orchis ustulata

(griech. orchis = Hoden; lat. ustulo = verbrennen)

RLT 2, RLD 2

Merkmale: 10-40 cm hoch. Blätter lanzettlich, rosettig gehäuft, scheidige Stängelblätter. Blütenstand zunächst kurz, fast kugelig, später lang, zylindrisch. Blüten sehr klein; Perigonblätter zusammenneigend, Lippe dreilappig, Mittellappen verlängert, schmal, kurz gespalten, mit roten Punkten gezeichnet; Sporn kurz abwärts

Blütenfarbe: Perigon schwarzpurpurn, im Knospenzustand besonders auffällig (wie verbrannt aussehend!), Lippe weiß mit roten Punkten

Besonderheiten: Überwintert als Rosette. Häufig Gruppenbildung

Blütezeit: Mai, Juni

Variabilität: Sehr selten weißlich-grünliche Blüten. Hellere Blütenfärbung weist oft auf die Hybride mit *O. tridentata* (vgl. S. 90) hin

Biotopansprüche: Trockene Glatthaferwiesen, Magerrasen auf Röt und Kalk

Vorkommen im Gebiet: Ehemals häufig, in Saalewiesen zu Tausenden. Aktuell sehr selten, nur noch wenige individuenarme Fundstellen

Gefährdung: Auflassung, Intensivweide, Düngung

Wer sich nur am Dunkelbraun der Perigonblätter orientiert, könnte vielleicht das Brand-Knabenkraut mit einem Purpur-Knabenkraut verwechseln. Doch ersteres bleibt klein und zierlich, oft wird es als die kleinste Art der Gattung bezeichnet.

Die Blattrosetten werden bereits im Herbst angelegt, mit lanzettlichen, ungefleckten Winterblättern wird die ungünstige Jahreszeit überdauert. Der schlanke, runde Stängel wächst im zeitigen Frühjahr auf, so dass die Blüte Ende Mai/Anfang Juni erfolgt. Die Pflanzen werden nur selten 40 cm hoch, auch die nach Honig oder Vanille duftenden Blüten sind nur 5-7 mm groß. Im Aufblühen streckt sich die vielblütige, zunächst kegelförmige Ähre, die schließlich walzenförmig und 20 mm breit, aber bis zu 15 cm lang werden kann. Nur im unteren Teil stehen die Blüten etwas lockerer verteilt.

Die Thüringer Funde konzentrierten sich auf das Mittlere Saaletal. Aber auch an der Oberen Saale und im Loquitztal siedelte *O. ustulata*. In Ost-, Süd-, West-, Zentral- und Nordthüringen war die Art schon immer selten. RUPP bzw. HALLER (1718, 1745) kannten sie „auf der Pfingstwiese bey Jena-Prießnitz, und hinter der Rietwiese bey Jena-Prießnitz oben im Walde, und auf der Welmese." Auch BOGENHARD (1850) nannte Fundorte aus der Jenaer Gegend. Gegenwärtig zählt *O. ustulata* überall zu den Raritäten und hochgradig gefährdeten Arten.

Gezielte Biotoppflege in Form geregelter Mahd (oder eine Beweidung mit Schafen) ist dringend erforderlich, wenn diese schöne Art für Thüringen erhalten bleiben soll.

Weiße Waldhyazinthe

Platanthera bifolia

(griech. platys = flach, breit; antheros = Staubbeutel; lat. bis = zweimal; folium = Blatt)

RLT 3, RLD 3

Merkmale: 15-50 cm hoch, bodennah nur zwei breit-ovale bis eiförmige Blätter, etwas graugrün. Meist 2-3 kleine Stängelblätter. Blütenstand mäßig dicht, reichblütig. Sepalen ausgebreitet, Lippe schmal zungenförmig, ungeteilt. Sporn sehr dünn, lang, fadenförmig

Blütenfarbe: Weiß bis gelbgrün, Lippenende grünlich

Besonderheiten: Pollenfächer parallel, nahe beieinander. Sporn fadenförmig. Nachtfalterblume, Blüten nach Hyazinthen duftend
Oft sind nur Blätter zu finden, dann von *P. chlorantha* nicht zu unterscheiden!

Blütezeit: Juni, Juli, etwas später als *P. chlorantha*

Variabilität: Selten 3-4 Grundblätter. Selten spornlos oder mehrspornig

Biotopansprüche: Lichte Laubmischwälder, Nadelholzforste, Magerrasen auf Röt und Kalk

Vorkommen im Gebiet: Zerstreut, fehlt nur in der Saaleaue

Gefährdung: durch Verbuschung, Ausdunkelung

Die Gattung Waldhyazinthe umfasst etwa 80 Arten, die in Nord- und Mittelamerika sowie weiten Teilen Eurasiens vorkommen. Nahe verwandt sind die Gattungen Händelwurz *(Gymnadenia)*, Hohlzunge *(Coeloglossum)*, Honigorchis *(Herminium)* und Weißzünglein *(Pseudorchis)*.

Im Gegensatz zu den meisten anderen Orchideen besitzen die beiden heimischen Waldhyazinthen eine ungeteilte Lippe und einen fadenförmigen Sporn, der deutlich länger als der Fruchtknoten ist. Als Besonderheit wird hervorgehoben, dass das zwischen den fertilen Narbenlappen und den beiden Staubbeutelhälften befindliche Schnäbelchen (Rostellum) nicht – wie sonst bei den heimischen Orchideen – als ausgehöhlter Zapfen erscheint, sondern flach und breit ausgebildet ist.

Aus einer ziemlich großen, ungeteilten, rübenförmigen Knolle, die nur wenige Wurzeln trägt, treiben ein bzw. zwei (selten 3 oder 4) lang-eiförmige bis breitlanzettliche, glänzend hellgrüne, in einen Stiel verschmälerte Grundblätter mit zahlreichen Längsnerven aus. Sie wachsen bodennah – oft sogar dem Boden aufliegend – und stehen meist gegenständig.

Den Blüten entströmt ein angenehmer Duft nach Maiglöckchen, Vanille, Hyazinthe oder Jasmin. Die beiden Staubbeutelfächer stehen bei dieser Art im Abstand von etwa 1 mm parallel zueinander. Der spitzliche, abwärts gekrümmte Sporn bleibt auf der ganzen Länge gleich dick. Er enthält Nektar. Diesen suchend, wird die Nachtfalterblume von Eulen und Schwärmern bestäubt. Der Frucht- und Samenansatz ist meist hoch, oft findet man neben der blühenden Pflanze den Fruchtstand des Vorjahres.

Grünliche Waldhyazinthe

*Platanthera
chlorantha*

(griech. platys =
flach, breit;
antheros =
Staubbeutel;
chloros = grün;
anthos = Blüte)

RLT V, RLD 3

Merkmale: 25-60 cm hoch. Blätter nur am Stängelgrund, elliptisch bis eiförmig, silbrig glänzend. 3-5 kleine Stängelblätter. Blütenstand mäßig dicht, reichblütig. Sepalen ausgebreitet, Lippe ungeteilt, zungenförmig. Sporn dünn, lang, am Ende keulig

Blütenfarbe: Grünlichweiß, Lippenende und Spornende grünlich

Besonderheiten: Pollenfächer schräg zueinander, unten auseinander spreizend. Sporn keulig. Nachtfalterblume. Oft sind nur Blätter zu finden, dann von *P. bifolia* nicht zu unterscheiden!

Blütezeit: Mai, Juni, etwas früher als *P. bifolia*

Variabilität: Selten spornlos oder mehrspornig

Biotopansprüche: Lichte Laubmischwälder, Nadelholzforste, Waldränder, Magerrasen

Vorkommen im Gebiet: Zerstreut

Gefährdung: Ausdunkelung im Altholz, Verbuschung

Im Habitus und hinsichtlich der Standortansprüche sind beide *Platanthera*-Arten recht ähnlich. Nur in der Blüte zeigt sich mit der Stellung der Staubbeutelhälften ein wesentliches Unterscheidungsmerkmal. Bei *P. chlorantha* spreizen die bogenförmig gekrümmten Staubbeutelfächer unten auseinander. Am oberen Ende sind sie etwa 2 mm, am unteren Ende sogar 4 mm voneinander entfernt. Der Sporn ist fadenförmig, nach hinten keulig verdickt, man kann die Nektarfüllung erkennen.

Für die Waldhyazinthen wurden früher auch andere Volksnamen verwendet: Breitkölbchen, Kuckucksblume, Kuckucks- oder Zungenständel, auch von Zweiblatt oder Nachtlilie sprach man.

Das Areal der Grünlichen Waldhyazinthe ist dem der Weißen durchaus ähnlich. Die westlichen und südlichen Verbreitungsgebiete decken sich beinah. Die Grünliche Waldhyazinthe erreicht auch Sizilien und Zypern sowie größere Teile Kleinasiens und des Schwarzmeergebietes. Offensichtlich aber dringt die Weiße Waldhyazinthe nicht so weit nach Norden und Osten vor. In weiten Teilen Skandinaviens fehlt sie.

Mit der Trockenlegung und Nährstoffanreicherung magerer und feuchter Wiesen sowie der Überführung mancher Waldbestände in produktivere Forste wurden auch die Existenzbedingungen für diese Waldhyazinthe eingeschränkt oder vernichtet. Mit Ausnahme von Mecklenburg-Vorpommern und Nordrhein-Westfalen (ungefährdet), Sachsen (stark gefährdet) und Brandenburg (vom Aussterben bedroht) wird die Grünliche Waldhyazinthe in allen anderen Bundesländern als gefährdet (Kat. 3) eingestuft.

Orchideenhybriden

Stehen Pflanzen verschiedener Arten nebeneinander und blühen sie auch zur gleichen Zeit, kann es – wenn keine anderen mechanischen oder genetischen Schranken vorliegen und entsprechende Bestäuber vorhanden sind – zu wechselseitiger Bestäubung kommen. Die entstehenden „Mischlinge" weisen vor allem Blütenmerkmale auf, die oftmals eine Mittelstellung zwischen denen beider Eltern aufweisen. Auffällig werden oft auch luxurierende Wuchshöhen oder Blütenfarben (Heterosis-Effekte) sowie beachtliche Anpassungsfähigkeiten.

Nur wenige Arten können miteinander bastardieren, Arten verschiedener Gattungen kreuzen sich sehr selten. Bei uns wurden bisher folgende Hybriden gefunden:

Orchis xhybrida
(Orchis militaris x O. purpurea)
Stattlich und häufig sind Hybriden zwischen diesen beiden Knabenkraut-Arten. In der Blütenfärbung meist intermediär zwischen den Eltern, Blüten rosenrot. Da die Bastarde fertil sind, gibt es Rückkreuzungen, somit ähneln die Pflanzen u. U. mehr dem einen oder mehr dem anderen Elternteil!

Orchis xdietrichiana (nach D. F. Dietrich, 1799-1888)
(Orchis tridentata x O. ustulata)
Auch die Hybriden dieser Arten weisen intermediäre Merkmale auf. Sie kommen aber nur an wenigen Lokalitäten vor.

Orchis xhybrida   *Orchis xdietrichiana*

Orchis xhaussknechtii (nach C. Haussknecht, 1838-1903)
(Orchis pallens x O. mascula)
Sehr selten und meist nur Einzelpflanzen, blasslila
Blüten mit gelbem Fleck am Lippengrund.

Ophrys xhybrida
(Ophrys insectifera x O. sphegodes)
Überall dort, wo beide Ragwurz-Arten siedeln, kann es
zur Bastardierung kommen. Die Pflanzen sind oft größer
als die Eltern, die Blüten fallen durch die großen Petalen
auf. An mehreren Stellen.

Orchis xhaussknechtii   *Ophrys xhybrida*

Ophrys xpietzschii (nach Karl Pietzsch, †1973)
(Ophrys apifera x O. insectifera)
Äußerst selten, nur Einzelexemplare.

Platanthera xhybrida
(Platanthera chlorantha x P. bifolia)
Nur blühend zu erkennen. Pollenfächer stehen dicht
beieinander, aber auseinanderspreizend. Selten, wird
aber oft übersehen.

LITERATUR

BOGENHARD, C. (1850): Taschenbuch der Flora von Jena. – Leipzig: Engelmann. – XVII, 483 S.

Die Orchideen Deutschlands. – Uhlstädt-Kirchhasel: Arbeitskreise Heimische Orchideen (2005). – 800 S.

DIETRICH, F. D. (Hrsg.; 1826-1828): Flora Jenensis oder Beschreibung der Pflanzen, welche in der Umgegend von Jena wachsen. Bd. 1. Abt. 1-3. – Jena: Schmid. – VI, 794 S.

ECCARIUS, W. (Hrsg.; 1997): Orchideen in Thüringen. – Uhlstädt: Arbeitskreis Heimische Orchideen Thüringen. – 256 S.

FELBER, P., W. ECCARIUS, L. FINKE, E. HERR, S. KÄMPFE, H. KORSCH, K. PETERLEIN, M. SALZMANN & H.-J. SEIDLER (2004): Orchideen im Kreis Weimarer Land und der Stadt Weimar. – Uhlstädt: Arbeitskreis Heimische Orchideen Thüringen. – 96 S.

FRÖHLICH, O. (1943): Floristisch-ökologische Studien auf Grund Bogenhardscher Standortangaben in der Flora von Jena. – Mitt. Thüring. Bot. Ver. N. F. 50: 47-65

FRÖHLICH, O. (1968): Über die Ursachen des Orchideenrückganges in der Flora von Jena. – Landschaftspfl. Naturschutz Thüringen 5 (2): 14-18

FÜLLER, F. (1962): Die Orchideen Deutschlands, 3. Teil. Die Gattungen *Orchis* und *Dactylorchis*. – Lutherstadt Wittenberg: Ziemsen-Verlag. – 72 S. (Die Neue Brehm-Bücherei 286)

GRAUMÜLLER, J. C. F. (1803): Systematisches Verzeichnis wilder Pflanzen, die in der Nähe und umliegenden Gegend von Jena wachsen. – Jena: Acad. Buchhandlung. - XII, 431 S.

HALLER, A. (1745): Flora Ienensis, Henrici Bernhardii RUPPII ex posthumis autoris SCHEDIS et proprus observationibus aucta et emendata. – Ienae: Ch. H. Cunonis. – 416 S., 22 S., Index

Heimische Orchideen. Artenmonitoring und Langzeitbeobachtung, Populationsdynamik und Artenschutz – Grundlagen für gezielte Biotoppflege – Uhlstädt: Arbeitskreis Heimische Orchideen Thüringen (2000). – 160 S.

HEINRICH, W., H. VOELCKEL, P. RODE, H. DIETRICH, K. BOCKHACKER, P. WEISSERT & F. FALKE (1999): Orchideen im Saale-Holzland-Kreis und der Stadt Jena. – Uhlstädt: Arbeitskreis Heimische Orchideen Thüringen. – 96 S.

HEINRICH, W. & H. DIETRICH (2008): Heimische Orchideen in urbanen Biotopen. – Feddes Repert. 119: 388-432

HIEKEL, W., F. FRITZLAR, A. NÖLLERT & W. WESTHUS (2004): Die Naturräume Thüringens. – Naturschutzreport 21: 6-384

Jena's Orchideen – heute. Mit einer Bibliographie zur Pflanzenwelt des Mittleren Saaletales. – Jena: Universitätsbibliothek (1990/1991). – 131 S. (Bibliographische Mitteilungen der Universitätsbibliothek Jena, 51)

KLUGE, G. & G. MÜLLER-WESTERMEIER (2000): Das Klima ausgewählter Orte der Bundesrepublik Deutschland. Jena. – Ber. Deutschen Wetterdienstes 213: 290 S.

Korneck, D., M. Schnittler & I. Vollmer (1996): Rote Liste der Farn- und Blütenpflanzen (Pteridophyta et Spermatophyta) Deutschlands. – Schriftenreihe Vegetationskunde 28: 21-187

Korsch, H. & W. Westhus (2002): Rote Liste der Farn- und Blütenpflanzen (Pteridophyta et Spermatophyta) Thüringens. 4. Fassg., Stand: 09/2001. – Naturschutzreport 18 (2001): 273-296

Korsch, H., W. Westhus & H.-J. Zündorf (2002): Verbreitungsatlas der Farn- und Blütenpflanzen Thüringens. – Jena: Weissdorn-Verlag – 419 S.

Krautwurst, L. (1991): Orchideenwanderungen um Jena. – Jena: Fremdenverkehrsamt. – 72 S.

Kretzschmar, H. (2008): Die Orchideen Deutschlands und angrenzender Länder finden und bestimmen. – Wiebelsheim: Quelle & Meyer. – 285 S.

Kreutz, C. A. J. (2002): Feldführer Deutsche Orchideen. – Landgraaf: Kreutz. – 216 S.

Lepper, L. & W. Heinrich (2009): Jena, Landschaft, Natur, Geschichte. Heimatkundlicher Lehrpfad. – 2. Aufl. Bürgel: EchinoMedia. – 207 S.

Presser, H. (2000): Die Orchideen Mitteleuropas und der Alpen. Variabilität, Biotope, Gefährdung. – 2. Aufl. Landsberg: ecomed. – 374 S.

Rode, P.; R. Stracke & D. Weiss (2010): Buntsandsteingebiet um Stadtroda. Zwischen Wachtelberg und Gletscherstein.– Bürgel: EchinoMedia. – (Naturwanderungen um Jena 3)

Ruppius, H. B. (1718): Flora Jenensis / ed. 0. H. Schutteo. – Francofurti, Lipsiae: E. C. Bailliar. – 360 S., 112 unnummerierte S.

Ruppius, H. B. (1726): Flora lenensis sive enumeratio plantarum, in Usum Botanophilorum lenensium / ed Multisque in locis. – Francofurti, Lipsiae: E. C. Bailliar. – 311 S., 123 S. unnummeriert

Schönheit, F. C. H. (1850): Taschenbuch der Flora Thüringens. – Rudolstadt: L. Renovanz. – LXXII, 562 S.

Schulze, M. (1889): Die Orchideen der Flora von Jena. – Mitt. Geogr. Ges. (Thüringen) Jena 7 (Bot. Ver. Gesamtthüringen): 14-37

Schulze, M. (1891): Jena's Orchideen (Nachträge und Berichtigungen). – Mitt. Thüring. Bot. Ver. N. F. 1: 22-24

Schulze, M. (1894): Die Orchidaceen Deutschlands, Deutsch-Oesterreichs und der Schweiz. – Gera-Untermhaus: Köhler. – 92 Taf.

Thal, J. (1588): Sylva Hercynia. – Francofurti ad Moenam. – 133 S., IX S.

Zenker, J. C. (1836): Historisch-topographisches Taschenbuch von Jena und seiner Umgebung besonders in naturwissenschaftlicher und medicinischer Beziehung. – Jena: Frommann. – X, 338 S.

Zündorf, H.-J., K.-F. Günther, H. Korsch & W. Westhus (2006): Flora von Thüringen. Die wildwachsenden Farn- und Blütenpflanzen Thüringens. – Jena: Weissdorn-Verl. – 764 S.

BILDNACHWEIS

S. 8	W. Heinrich
S. 15	G. Köhler
S. 17	M. Köhler
S. 18/19	B. Schulze/M. Köhler
S. 21	G. Köhler/H. Voelckel
S. 24/25	R. Beyer, H.Voelckel/beide H. Voelckel
S. 26	H. Voelckel
S. 30/31	H. Voelckel/G. Köhler
S. 32/33	beide R. Beyer
S. 34/35	H. Disse/B. Schulze
S. 36/37	R. Beyer/G. Kühnl
S. 38/39	H. Voelckel/G. Köhler
S. 40/41	H. Disse/W. Heinrich, B. Schulze
S. 42/43	G. Köhler/B. Schulze
S. 44/45	H. Disse/G. Köhler
S. 46/47	beide G. Köhler
S. 48	R. Beyer
S. 50/51	R. Beyer/H. Voelckel
S. 52/53	H. Voelckel/R. Beyer
S. 54/55	beide M. Köhler
S. 56/57	R. Beyer/G. Köhler
S. 58/59	R. Beyer/G. Köhler/G. Köhler
S. 60/61	G. Köhler/B. Schulze, H. Disse, G.Köhler
S. 62/63	B. Schulze/G. Köhler
S. 64/65	W. Heinrich/G. Köhler
S. 66/67	W. Heinrich/R. Beyer
S. 68/69	G. Köhler/R. Beyer/W. Heinrich
S. 70/71	G. Köhler/B. Schulze
S. 72/73	beide G. Köhler
S. 74/75	beide R. Beyer
S. 76/77	B. Schulze/G. Köhler
S. 78/79	beide H. Voelckel
S. 80/81	W. Heinrich/G. Köhler/H. Voelckel
S. 82/83	G. Köhler/B. Schulze/H. Voelckel
S. 84/85	H. Voelckel, R. Beyer
S. 86/87	beide W. Heinrich
S. 88/89	R. Beyer/G. Köhler
S. 90	W. Heinrich/B. Schulze
S. 91	R. Beyer/G. Köhler

Vielen Dank möchten wir allen Orchideenfreunden sagen, die uns für diese Publikation ihre Dias oder digitalen Aufnahmen zur Bildauswahl und Publikation zur Verfügung stellten.
Für ihre wertvollen Hinweise danken wir Frau Dr. Helga Dietrich und Herrn Rudolf Beyer.

Dr. Wolfgang Heinrich, Holzmarkt 7, 07743 Jena

Arbeitskreis Heimische Orchideen Thüringen e.V. (AHO), Geschäftsstelle: Hohe Straße 204, 07407 Uhlstädt-Kirchhasel
Regionalsektion Jena: Holger Disse, Friedenstr. 76, 07743 Jena

Naturschutzbund Deutschland, Landesverband Thüringen e.V. (NABU), Geschäftsstelle: 07751 Leutra 15

Landratsamt Saale-Holzland-Kreis, Umweltamt, Amt für Naturschutz und Landschaftspflege: Haus 7, Altstadt 1, 07607 Eisenberg

Stadtverwaltung Jena, Stadtentwicklung – Bauen und Umwelt, Fachdienst Umweltschutz, Am Anger 26, 07743 Jena

Thüringer Landesanstalt für Umwelt und Geologie – Abt. 3 Naturschutz, Außenstelle Weimar Carl-August-Allee 8-10, 99423 Weimar (Göschwitzer Straße 41, 07745 Jena)

GLOSSAR

Anthere – Staubbeutel, Teil des Staubblattes (griech. antheros – blühend)

Artepitheton (Pl. Epitheta) – Beiwort, das in einer Gattung die Art kennzeichnet (griech. epithetos – hinzugefügt)

Autotroph – sich selbst ernährend (griech. autos – selbst; trephein – ernähren)

Braunerde – Bodentyp mit Ausbildung eines verbraunten B-Horizontes zwischen dem A- und C-Horizont

Epichil – Vorderglied der Lippe (griech. epi – auf, darauf; chilos – lippig; bei *Cephalanthera, Epipactis*)

Epiphyt – Aufsitzerpflanze, in Baumkronen wachsend

f. (Forma) – Form, niedrigste Kategorie unterhalb der Art; nur in einem Merkmal von den normal gestalteten Pflanzen abweichend

Geophyt – ausdauerndes Kraut mit unterirdischen Überdauerungsorganen in Form von Knollen oder Rhizomen

Heterotroph – sich mit Hilfe anderer Organismen ernährend (griech. heteros – verschieden; trephein - ernähren)

Hypochil – Hinterglied der Lippe (griech. hypo – darunter, unten, darauf; chilos – lippig; bei *Cephalanthera, Epipactis*)

Mykorrhiza – Zusammenleben der Wurzeln mit Pilzen (griech. Mykes – Pilz; rhiza – Wurzel)

Perianth – ungleichartige, doppelte Blütenhülle (in Kelch und Krone gegliedert; griech. peri – um, herum; anthos – Blüte)

Perigon – gleichartige Blütenhülle (griech. peri – um, herum; gony – Knie)

Petalum (Pl. petala) – Kronblatt, inneres Blütenhüllblatt (griech. petalon – Blatt)

Pollinium – zu einem einheitlichen Gebilde verklebter Inhalt eines Pollenfaches (griech. pollos – viel)

Pollinarium – Gebilde aus Pollinium, Stiel und Klebscheibe

Protocorm – erstes, undifferenziertes Entwicklungsstadium des auskeimenden Orchideensamens (griech. protos – erster; kormos – Spross)

Ramet – vegetative, genetisch gleiche Einheit, aus einem Rhizom hervorgehend

Rendzina – Humuskarbotboden, Boden mit Humus-Horizont (A-) über anstehendem Kalkgestein (C-Horizont)

Rhizom – unterirdische Sprossachse, mit Schuppenblättern (griech. rhiza – Wurzel)

Ranker – Boden mit Humus-Horizont (A-) über anstehendem sauren Gestein (C-Horizont)

Rostellum – Schnäbelchen, Umwandlung des steril gewordenen mittleren Narbenlappens

RLD – Rote Liste Deutschland

RLT – Rote Liste Thüringen

Sepalum (Pl. Sepala) – Kelchblatt, äußeres Blütenhüllblatt (lat. separare – trennen)

Tepalum (Pl. Tepala) – Blütenblatt einer gleichgestalteten, nicht in Kelch und Krone gegliederten Blüte

Varietät (var.) – taxonomische Rangstufe unterhalb der Art

Viscidium – Klebscheibe am Pollinium (lat. viscidus – klebrig)